希望の分子生物学

私たちの「生命観」を書き換える

黒田裕樹 Kuroda

はじめに　大学で生物学を教えるということ

私が慶應義塾大学において実施している授業の中でも、最も人気がある授業が毎年9月末から1月半ばにかけて行われる「生命現象と現実社会の比較論」というものです。履修希望者は定員の2倍を大きく上回っていて、熱望する学生らには優先履修チケットを販売したいくらいです（冗談です）。

まず、9月末に行われるガイダンスも兼ねた初回の講義では、どの回に興味があるかを学生に尋ねます。私がスライドで表示したQRコードを学生らはスマホで読み取り、フォームより回答します。その回答結果はただちに前方スクリーンに表示されます。

例年、最も人気があるのが「絶対に失敗しないダイエット」の回であり、そのほか、「恋愛」にからめた回も人気があります。逆に最も人気がないのが、「卵から胚へ」という私が専門とする発生生物学の回です。そのような内容に興味を抱かせることが使命だと思って、自らを奮い立たせている次第です。

ガイダンスの中では「絶対に失敗しない」が本当であることを示すために私自らが痩せてみせることを宣言します。すかさず、TA*が体重計を取り出し、書画カメラで体重計の数値を前方画面に映し出します。体重計の上に私が載ると、画面に私の体重が表示されます。同じく、予め許可をいただいたもう一人のTA（男子学生）にも体重計に載ってもらいます。これは、私が体重計に不正をしていないことを示すための措置です。かくして、履修生は私の体重とTAの体重を9月末に記録し、10月を越えて、11月の「絶対に失敗しないダイエット」の回を迎えることになります。

11月の授業において、例年、私が体重計に載った瞬間、大教室に大歓声と拍手が響きわたります。例えば、2022年度の授業の場合、10月の初回には75・8kgあった私の体重が、64・8kgまで減りました。11kgの減少です。

私は、痩せるために用いた知識を、栄養学に関する分子生物学の基本的な概念などを用いて説明します。その基本ノウハウは、体重1kgを減らすには、本来予定していたカロリー数として7000kcal分を摂取しなければよいという方針に従っています。

つまり、1日に700kcalの摂取を控えれば、10日間で1kg痩せられるというものです。その説明の過程で生物の体の中で働いている分子（五大栄養素などを含め）のことや、いくつかの分子生物学の知見をからめて話していきます。

話が小難しくなると、眠くなる学生が出てきます。視線が下になる学生が増えてきたタイミングで次のような質問を投げかけ、よく考えてもらいます。

10日間で1kg痩せるなら、前記の方針では9月末から11月までにせいぜい4kg～5kgしか軽くならないはずです。しかし、実際には10kg以上も痩せているのです。一体、どうしてでしょうか？

ここで、私は一つのウソをつきます。「薬を用いました」と。ドイツで開発された新薬を用いると、脂肪が二酸化炭素と水に分解されるという大ウソです。

しかも、その薬を持参したので、元気よく手を上げた履修生には差し上げるという、おまけつきです。そうすると、毎回、必死の形相で手を上げる女子学生らと、その勢いに押されて手を下ろす男子学生の様子を見ることになります。そして、種明かしです。「ごめんなさい！　今の薬の話は真っ赤なウソ。そもそも、巷には似た話がたくさんありますが、そんな話に乗ってはいけません」と諭します。教室には、ドーンと一気に重い空気が漂いますが、もはや寝ている人はいません。そこで、脂肪という分子について説明をします（授業で話す内容の多くがこの本の第1章にも書かれています）。

読者の皆様も、それでは、どのようにして私が10kg痩せたのかと興味をお持ちでしょう。なんのことはありません。1か月半の間、カロリーを含むものをほとんど何も口にしなかっただけです。1日に700kcalどころか1500～2000kcalの摂取を控えたわけです。役づくりで同じようなことをされる役者さんもいます。

もちろん、これは体への負担がかなり大きいので絶対におすすめできません。私はダイエット期間中に血液検査も行っています。面白いように、いろいろな項目において通常時と大きく異なる値が出てきます（個人差があるので具体的な項目や数値の紹介は差し控えます）。

とにかく、極端なことをすると、体が悲鳴をあげるというわけですね。さすがに50代になりましたので、ここまでストイックなことはもうやめておこうと思っていますが……。

このように、私は慶應義塾大学における生物学の大講義に対して、ある意味、自らの命を削りながら立ち向かってきました。様々な創意工夫を交えて、生物学、特に分子生物学を、専門ではない学生にもできる限りわかるように伝えてきました。

本著は、その経験をフル活用し、読者の皆さんに、分子生物学という分野がどのようなものであり、それが導く未来予想図がどのようなものであるかをわかりやすく伝えることを目指したものです。

内容を正しく理解していただくために、あえて第1章は基礎的な生物学の内容に言及しています。第2章、第3章では、過去の革新的な発見や発明を時代の流れに沿って説明します。大学の授業においても、主旨の理解のために基盤知識を伝えるために数回を要することが多々あります。生物学に関する造詣の深い方や、未来像に関する考え方だけを捉えたいかたは第3章までは読み飛ばすという手もあるかもしれません。第4章では地球環境がどのようになるか、第5章では遺伝子組換えの影響について、第6章では近未来の医学・薬学の予想を含めました。最後の第7章は観点を変えて、著名なSF的観点を題材として解説します。

本書は私にとって、初めての新書という大きな挑戦になります。私なりの熱意と思いを詰め込みました。とはいえ、それらが空回りすることも多く、そんな中、NHK出版の依田弘作さんには絶えざるサポートと助言をいただきました。心より感謝申し上げます。このページから先に広がる言葉たちが、読者の皆様にとって新たな気づきや知識、そして何よりも心の豊かさをもたらしてくれることを願っています。

注

＊　TA：ティーチング・アシスタントの略。授業の運営をサポートする学生アルバイト。通常、教員の研究室に所属する学生などが担当する。慶應義塾大学湘南藤沢キャンパスの場合、各授業に2人もしくはそれ以上のTAさんがサポートしてくれる。

希望の分子生物学——私たちの「生命観」を書き換える　目次

第1章　現代生命科学のルーツをおさえる

1-1　分類学こそ生物学の基本

まぐろ、はまち、さば、あじ、ひらめ、たい、すずきなど、お寿司屋さんのメニューに並ぶ様々なネタは、私たちの心を躍らせます。この心躍るところに分類学の意義が詰まっていると言ったら驚くでしょうか。

漁師さんは魚介類を捕獲する際、それぞれの種類や特徴を正確に見分けていますね。同様に、分類学者も生物種を見分けて、特徴や関係性を明確にして種の同定を行います。

お寿司屋さんでは、各魚介類のネタとしての名前を表示し、お客さんに提供します。分類学者も採取した生物を標本にし、名前や情報を記載したラベルをつけます。

昆虫が大好きな人にとって、美しい昆虫の標本が並べられているのは心躍る光景でしょう。お寿司屋さんのカウンター席に座った客も、様々なネタが提示されていることに魅了されるのです。つまり、人は大事なものや大好きなものが、理路整然と並んでいて見分けられる状態であることに魅力を感じるわけです。

名前がつけられていることも重要です。これにより、お店では客が食べたい味や客の好みの食感のネタを間違えることなく提供できます。これはそもそも、私たちヒトが、毒を持つ魚や強烈な味や臭みなどの特徴を持つ魚を効果的に避けるためにも役立っています。つまり、生物種ごとに名前をつけて呼び分けることによって（＝分類することによって）、私たちは様々な利点を享受しているのです。

人類は数万年前から言語を使い始めました。生き抜くためや安全を守るため、生活を豊かにするために、その初期から生物を見分けて名前をつけていたと考えられます。分類学の基本的なコンセプトは、言葉を使い始めた人類とともに存在していたことになります。そのような意味で言えば、分類学は、すべての学問の中で最も古いものの一つと言えるでしょう。

それだけ本質的な重要性を内包している分類学ですが、高校の生物学の授業では軽視されているように感じます。教科書の後半に登場し、授業の時間もあまり割かれない傾向にあります。もちろん、今日の生物学を効率よく学び、受験等に備える上では、仕方のないことかもしれません。しかし、生物学が誕生する土台となったものが分類学であることは、少しでもいいので、冒頭で言及してほしいものです。そのような理由から、本著のスタートを分類学としました。

分類学の歴史についても触れておきましょう。学問としての分類学がまとまり始めたのは、古代ギリシャの哲学者たちの貢献によると考えられています。

例えば、紀元前4世紀頃に活躍したアリストテレスは、生物の分類や形態学的な特徴を記録し、そこから生態学的な関係や生命現象について考察しました。これは当時の自然哲学の中心的なテーマにもなっていました。つまり、分類学は2300年以上の歴史があると言えます。

一方、近代的な生物学は17世紀にルネ・デカルト[*1]が動物と機械との類似性を通じて研究を始めたことが起源です。つまり、現代の生物学の歴史はたった400年程度です。

その後、18世紀にスウェーデンのカール・フォン・リンネ[*2]が生物の分類についての研究を大きく発展させ、19世紀初頭にはジャン＝バティスト・ラマルク[*3]が現在の「生物学(Biology)」という言葉を初めて使用しました。

さらに19世紀半ばには、チャールズ・ダーウィン[*4]らによって進化論が提唱され、生物学は急速に発展しました。現代に近づくにつれて、生物学は遺伝子の構造や機能、生態系や環境との関係、そして分子レベルから生命現象を解明する分子生物学など、多岐にわたる分野を追加し、科学技術の発展とともに進化していきました。

このように、分類学は生物学の基礎的なものであり、生物の多様性を把握し、その特徴や関係性を理解するために重要な役割を果たしています。こうした理由だけでも、夢中になる人がいます。例えば、２０２３年のＮＨＫの朝の連続テレビ小説『らんまん』の主役のモデルとしても描かれた牧野富太郎博士*5はその代表的な一人と言えるでしょう。

また、分類学は単なる命名や整理の道具にとどまらず、生態学や保全生物学、医学、農業などの応用分野においても欠かせない存在です。病原体の分類や農作物の品種改良、生態系の保護などにおいて、正確な分類情報は不可欠です。

さらに、進化生物学や生物多様性の研究においても、分類学が基盤となっています。分類学を通じて、私たちは自然界の驚くべき秩序と美しさを発見し、生命の複雑さと豊かさを深く知ることができます。生物学を学ぶ上で、分類学への理解とその重要性を第一に認識することはとても重要なことなのです。

注

＊1　ルネ・デカルト（1596－1650）：フランスの哲学者。近代哲学の重要な先駆者。科学的な方法や疑いの原則を重視し、合理主義の立場から知識を追求した。彼の思想は哲学だけでなく、数学や自然科学の分野にも大きな影響を与えた。

＊2　カール・フォン・リンネ（1707－1778）：スウェーデンの博物学者・医師・植物学者。生物学における現代的な分類体系を確立したことで知られている。

＊3　ジャン＝バティスト・ラマルク（1744－1829）：フランスの生物学者。獲得形質の遺伝説を提唱した。しかし進化論への影響は限定的であった。

＊4　チャールズ・ダーウィン（1809－1882）：イギリスの博物学者。1859年に出版された『種の起源』で、自然選択説を提唱し、生物の進化に関する理論的な枠組みを提供した。

＊5　牧野富太郎（1862－1957）：土佐（現在の高知県）出身の植物学者。「日本の植物学の父」とも呼ばれ、多数の植物の新種を発見し、命名した。

1－2　進化論の提唱と発展

今述べた分類学によって名前（学名）がつけられた生物は現在約175万種にのぼります。もちろん、まだ発見されていない未知の生物種も多数いるはずで、その数についても科学者たちの間で頻繁に議論がされています。１７５万種の倍以上存在するという考え方が主流であり、中には、地球上には1億種以上の生物種が存在すると主張する科学者もいます。私自身も、細菌などを含め、未知の生物種は1億種をはるかに超えると推測している一人です。

ここで強調したいのは、生命の進化はたった一つの生命体から始まったという事実です。その最初の生物種は約38億年前に誕生したとされています。そこからトライ・アンド・エラーを何度も何度も繰り返しながら、数を増やし、種類を増やし、現在に至っているのです。

ここで言うトライ・アンド・エラーとは基本的に細胞内に存在するＤＮＡの塩基配列が変化しては、よい結果につながらなかったことを指します。

塩基配列が何らかの理由で変わると、その変化が次の世代に引き継がれる可能性があります。ただし、このような塩基配列の変化が生物の形態や性能に影響を及ぼすことはほとんどありません。もし変化が生じたとしても、大抵は生存に不利となり、次世代に引き継がれないことが多いためです。しかし、ごく稀（まれ）にその変化が生存に有利に働き、新たな生物種が生まれることもあります。これが自然選択説と言って、進化論の一般的な理論的枠組みとなるのです。

この枠組みは、ダーウィンの自然選択説を発展させた「ネオ・ダーウィニズム」という理論でもほぼ同一です。自然選択説は、親から子へと受け継がれる特性の中には様々なバリエーションがあり、その中で環境に適応した特性を持つ個体だけが生き残るという考え方です。

しかし、ダーウィンの時代には遺伝子の概念がまだ確立されていなかったため、遺伝子が進化にどのような役割を果たすかについては検討されていませんでした。

20世紀初頭になって、遺伝学の発展により遺伝子の概念が明らかになったことで、遺伝子の変異が進化に重要な役割を果たすことが理解されるようになりました。これにより、自然選択説に遺伝子の変異という要素が加わり、現代の進化論の基盤となるネオ・ダーウィニズムが形成されました。

ネオ・ダーウィニズムの成立以降も、進化論はさらに発展の一途をたどります。主要な発展の一つは、分子生物学の進歩によるものであり、特にゲノミクス（生物の遺伝情報全体を研究する分野）の登場が重要でした。ゲノミクスの発展によって、生物のＤＮＡ全体を読み取ることが可能になり、種間、あるいは個体間の遺伝的バリエーションを直接観察できるようになりました。

その結果、進化の過程で起こった遺伝子の変異や、遺伝子間の相互作用、それらがどのように生物の形態や行動に影響を与えるかについて、詳細に理解することが可能となりました。

古生物学の進歩も進化論の発展に寄与しています。化石記録の解析により、特定の生物群の進化の過程や、大規模な絶滅イベント後の生態系の回復過程などを明らかにすることができるようになりました。社会生物学や行動生態学の進展により、生物の行動や社会性がどのように進化するかについての理解も深まっています。これにより、遺伝子だけでなく、行動や文化も進化の対象となりえることが認識されるようになりました。

このように、進化論はダーウィン以降、様々な分野からの新たな知見によって発展を続けています。それらは、生物がどのように進化し、多様性を保つことができているのかという問いに対して、より詳細で包括的な考え方を提供していると言えるでしょう。

1-3 「悠久の時」を前提とした進化観

進化を導く突然変異は、頻繁に起こるものではありません。例えば、動物園で飼育されている動物の間で新種が誕生したという事例はまず聞いたことがありません。そうした現象が通常起こらないにもかかわらず、推定1億種もの生物種が存在するとされる現在の自然界について、不思議だと思われる方もいるのではないでしょうか。

しかし、私たちが通常実感するのが難しいほどの長い時間軸が、その背後に存在していることを忘れてはなりません。私は進化の原動力として「悠久の時」の存在を認識することが重要だと考えています。

その理解を深めるための一助となる方法があります。それは、38億年前の最初の生命体が誕生したタイミングを1月1日0時0分と仮定し、現在を12月31日の24時0分（年の終わりの最後の瞬間）とし、進化の歴史上の出来事が何月何日、場合によっては何時何分何秒に起きたかを想像する方法です。

これを「生物進化365日シナリオ」と名づけましょう。このシナリオにあてはめると、多細胞生物は9月26日に現れ、最初の脊椎動物は11月13日に出現します。

恐竜の時代は12月16日から12月25日までで、ヒト科に属する生物の出現日はなんと12月31日です。現生人類が誕生したのは、年の終わりに程近い時点なのです。

また、私たちが仮に120年生きるとしても、それはこのシナリオ上では1秒以下にすぎません。生物の進化が経験した時間と比較すれば、一人の人間の一生は驚くほど短いものになります。表1－3には進化365日シナリオにあてはめた場合の日付・時刻について主要な出来事をまとめました。

「悠久の時」の存在について、別の計算を通じても感じていただきましょう。例えば、地球上の生物種の数が100万年ごとに平均1％増えると仮定しましょう。100万年もの時間があればそれくらい増えても不思議ではないですよね。それでは、この仮定が正しいとすれば、現在はいくつの生物種が存在すると試算できるでしょうか。

これは1・01を3800乗（38億年は100万年の3800倍）するわけですから、答えは2京6376兆6947億8882万6104種類です。現在の生物種数は約1億種とされていますから、この試算では実際の2億倍以上の生物種が存在することになります。

進化の歴史にはカンブリア爆発[*6]や数度の大量絶滅があったため、生物種が一定の割合で

表1-3　生物進化365日シナリオにおける主要な生命進化の出来事や歴史的事象

実際の時期	365日シナリオ	出来事
約38億年前	1月1日	最初の生命の誕生
約24億年前	5月15日	光合成細菌の増加により大気中の酸素濃度が急上昇
約20億年前	6月22日	真核生物の出現
約10億年前	9月26日	多細胞生物の出現
約5億年前	11月13日	脊椎動物（魚類）の出現
約4億3000万年前	11月20日	陸上植物の出現
約4億年前	11月23日	昆虫の出現
約3億6500万年前	11月26日	両生類の出現
約3億1000万年前	12月2日	爬虫類の出現
約2億年前	12月12日	哺乳類の出現
約6500万年前	12月25日	恐竜の絶滅
約700万年前	12月31日7時	ヒト科に属する生物の出現
約30万年前	12月31日23時18分	ホモ・サピエンスの出現
約1万2000年前	12月31日23時58分	農耕の開始
約4500年前	12月31日23時59分22秒	古代エジプトにおけるピラミッドの建設
西暦794年	12月31日23時59分49秒	平安京の設立
西暦1600年	12月31日23時59分56秒	関ヶ原の戦い
西暦1769年	12月31日23時59分57秒	ワットの蒸気機関の完成（産業革命の開始期）
西暦1867年	12月31日23時59分58秒	大政奉還（江戸時代が終わる時）
西暦1953年	12月31日23時59分59秒	DNAの二重らせん構造の発表

連続して増えてきたわけではなく、１００万年で増える生物種の総数は１％を大きく下回る極めて低い確率になるわけです。つまり、その背景に「悠久の時」が流れていたからこそ、現在の地球上の生物多様性が実現されたということですね。

こうした前提に立って、皆さんが今この世に生きていることの確率を計算してみましょう。そうすると少なくとも「人類が進化の過程で生き延びてきた確率」「親が出会った確率」、そして「精子と卵子が出会い受精した確率」を掛け合わせる必要があります。これらの事象は、奇跡そのものです。こうした観点から見て、皆さんはまさに選ばれたエリート中のエリートと言えます。ただし、この考えはゴキブリやサルモネラ菌のような、多くの人々が嫌悪する生物にも同じく適用されます。それゆえ、生物学を学ぶにあたり、すべての生物種に敬意を払う姿勢が重要となるのです。

ここで強調しておきたいことが一点あります。あとの章で詳述する遺伝子組換え技術によれば、自然界では滅多に生じない現象を短時間で起こすことが可能となります。これが地球史においていかに特異な事象であり脅威であるか、ぜひ現時点で心に留めていただければと思います。

＊6　注

カンブリア爆発：地球の生物進化史における出来事。約5億4500万年前の古生代カンブリア紀初期に生物種が爆発的に増加したことを指す。カンブリア爆発によって、骨格を持つ動物や節足動物、軟体動物、棘皮動物、環形動物など、現在の地球上の生物群の祖先となるグループが現れたとされる。

1-4　生物の定義とは

生物種が悠久の時を背景として多種多様に進化したことを述べましたが、そもそも生物とは何なのでしょうか。

幼児期において、私たちはいつしか目の前の対象が生物なのか非生物なのか、特別に教えられることなく経験からかなりの確率で判断することができるようになります。子どもは生物の顔や体の形状、動きや音、触感などを経験を通じて学習します。同時に、非生物の物的性質や形状、感触なども経験します。

これらの経験を通じて、子どもは生物と非生物の特徴的なパターンや属性を学び、区別するようになると考えられています。この子どもたちの認知発達の仕組みももちろん興味深い現象ですが、ここでは「生物の定義」が生物学的にはどのような結論になるのかについて、答えを述べておきましょう。

実際には複数の考え方が存在しており、完璧な回答を用意することは難しいですが、最も受け入れられている考え方に従えば、生物は以下の六つの特徴を持つとされています。

①細胞を持つこと

細胞は、細胞膜によって包まれた細胞質という物質が内部に存在する袋状の構造体であり、その内側に遺伝情報を保持しています。一部、内側に遺伝情報を持たない細胞もありますが、その場合も、生物個体の一部の細胞がそうであるにすぎません。

②栄養摂取・代謝を行うこと

栄養摂取は栄養素を体内に取り込むことを指します。代謝とは、生物学的な反応や物質変換の全体を指します。栄養摂取によって取り入れられた栄養素は、代謝によって分解、変換、利用されます。

③成長・増殖すること

成長・増殖とは生物が自己を維持し、新しい世代をつくり出すプロセスです。ただし、単細胞生物と多細胞生物ではその捉え方に差異があります。単細胞生物の場合は、細胞自体のサイズの増加や形を変えることが成長に相当し、細胞分裂をすることが増殖に相当しているのです。多細胞生物の場合は、細胞分裂は成長に結びつき、何らかの生殖法を用いて次世代を多数残すことが増殖となります。

④遺伝子を持ち、遺伝情報を複製すること

遺伝子とはその生物を特徴づける情報を含む情報単位であり、かつ次世代に引き継がれるもののことを指します。引き継ぐ際にはコピーがつくられ、これを複製と呼びます。

⑤刺激に対して反応すること

生物は外部環境や内部環境からの様々な信号に対して行動を変えたり、生理的な反応を示したりする能力を有しています。これらの刺激とは、光、温度、音、化学物質、触感、

食物や水の存在、他の生物との相互作用などです。

⑥繁殖によって種の継承を行うこと

繁殖とは生物が自身の遺伝情報を次世代に引き継ぐために行うプロセスです。これによってその種は時間を超えて継続し、進化し続けることが可能になります。

ただし、①については結果論とも言えるでしょう。現在、地球上に存在するすべての生物は細胞から成り立っています。胞子なども、外的要因に対して耐性を高めた細胞の究極の形態と見なせるでしょう。

しかし、地球外で生命体と思われるものが見つかった場合、①はその判定から除外される可能性があります。なぜなら、私たちが現在認識している細胞以外の構造単位を持っている可能性があるからです。

ウイルスが生物であるかどうかについてはどうでしょうか。実際に議論は分かれています。

一部の研究者は、ウイルスが生物の一種であると考えています。ウイルスは遺伝情報を持ち、細胞内に侵入して複製することができるからです。前記の③④⑤⑥の要素をある程度満たしています。しかし、ウイルスは自律的な生命活動を行わず、細胞内に寄生することが多いため、生物とは異なる存在、生命体と非生命体の中間的な存在とされることが一般的です。

1-5　三大栄養素とその使われ方

生物の定義の中で栄養摂取・代謝を行うことの必要性を先の項で述べました。このことを、たとえを交えて考えてみましょう。石炭、石油、天然ガス。これらは、火力発電所で使用される典型的な燃料であり、化石燃料とも呼ばれます。燃料と酸素が反応して発生する高熱で水を沸騰させ、そこで発生した蒸気を利用してタービンを回し、発電機を駆動します。

生物の細胞の中でも似たプロセスが行われており、石炭、石油、天然ガスをそれぞれ炭水化物、脂質、タンパク質（これら三つを合わせて三大栄養素と呼びます）にたとえることができます（順番は関係ありません）。これらは、先述した化石燃料の主成分と同じく、すべて有機物（炭素を主成分とする化合物）でできています。

化石燃料は、基本的に過去の生物由来の有機物が地球の地殻変動や化学変化を経て形成されたもので、化石燃料と三大栄養素との間には深い関係が存在します。生物学を学ぶ際には三大栄養素の理解が必須です。

炭水化物は、主に米やパン、麺類、ジャガイモ、果物などに含まれる大型分子です。炭水化物は摂取後、消化の過程で分解されて小型分子のブドウ糖となります。

タンパク質は肉、魚、豆類、卵、乳製品などに含まれる大型分子です。タンパク質も消化の過程で小型分子のアミノ酸に分解されます。

脂質は、油やバター、ナッツ、アボカドなどに多く含まれる分子であり、ほかの二つと比べると小型です。摂取・消化されると、脂肪酸とグリセリンに分解されます。

冒頭の比喩における火力発電所は、細胞の中ではミトコンドリアに相当します。ミトコンドリアでは、これらの三大栄養素を利用してエネルギーを生成し、私たちの体内で電池のような役割を果たす分子を充電します。具体的には、空っぽの電池に相当するＡＤＰ（ア

図1-5　満タンの電池ATPと空っぽの電池ADP

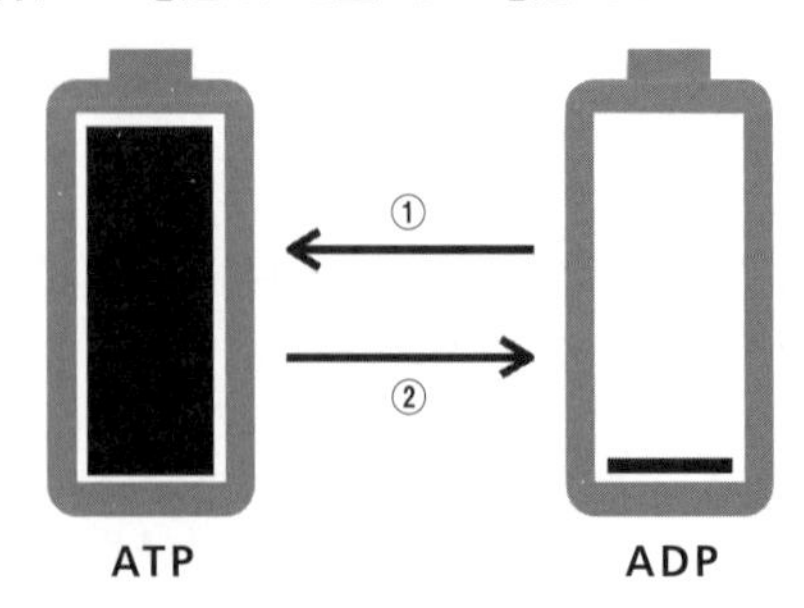

三大栄養素が体内で使われる時に発生するエネルギーを用いてADPはATPになる（図中の矢印①）。逆にATPがADPになる時に発生するエネルギーを用いて様々な生命活動が行われる（図中の矢印②）。

デノシン二リン酸）を、満タンの電池に相当するATP（アデノシン三リン酸）に変換します（図1-5）。

三大栄養素がミトコンドリアに取り込まれる際には、分解されたあとの小分子の状態、あるいはその小分子にいくつかの化学変化を加えた状態が用いられます。その後、ミトコンドリア内部で複雑な代謝反応を経て、その過程で水素イオンをミトコンドリアの外膜と内膜の間に集積します。

集積された水素イオンが、タービンのような分子であるATP合成酵素を通過することによって、大量のATPが生成されます。このATPを用いることで、私たちは必要な時に体の必要な部位を活動させることができているのです。

１－６　脂肪は敵ではない

三大栄養素の中でも、脂質については、世の中で正当な評価を受けていない気がします。ここでは、脂質がいかに秀逸な栄養素であるのかについて、説明を加えさせてください。私たちの身体に蓄積される脂質のことを特に脂肪と呼びます。飽食の時代とも言われる現代、先進国では脂肪が健康の敵のように扱われがちです。最先端の科学雑誌ですら、ダイエット（脂肪を減らすことや蓄積させないこと）に関する論文が頻繁に掲載されています。優秀な分子である脂肪がこのような扱いを受けていることに、生物学者として一抹の寂しさを覚えざるをえません。

私たちの身体が脂肪を蓄積させる最大の理由は、そのエネルギー効率の高さです。タンパク質と炭水化物は１ｇあたり約４ｋｃａｌのエネルギーを発生させることができますが、脂肪に関するその数値はその２倍以上、約９ｋｃａｌになります。

同じ体重を持つ生物個体ＡとＢがいて、ＡとＢの間に生存競争があったとしましょう。その場合、ＢがＡの２倍以上のエネルギーを持っていて、それ以外の条件が同じであるならば、Ｂが勝利します。これが、脂肪が優れたエネルギー分子だと言える所以（ゆえん）です。

図1-6　脂肪酸はまるで金太郎飴のよう

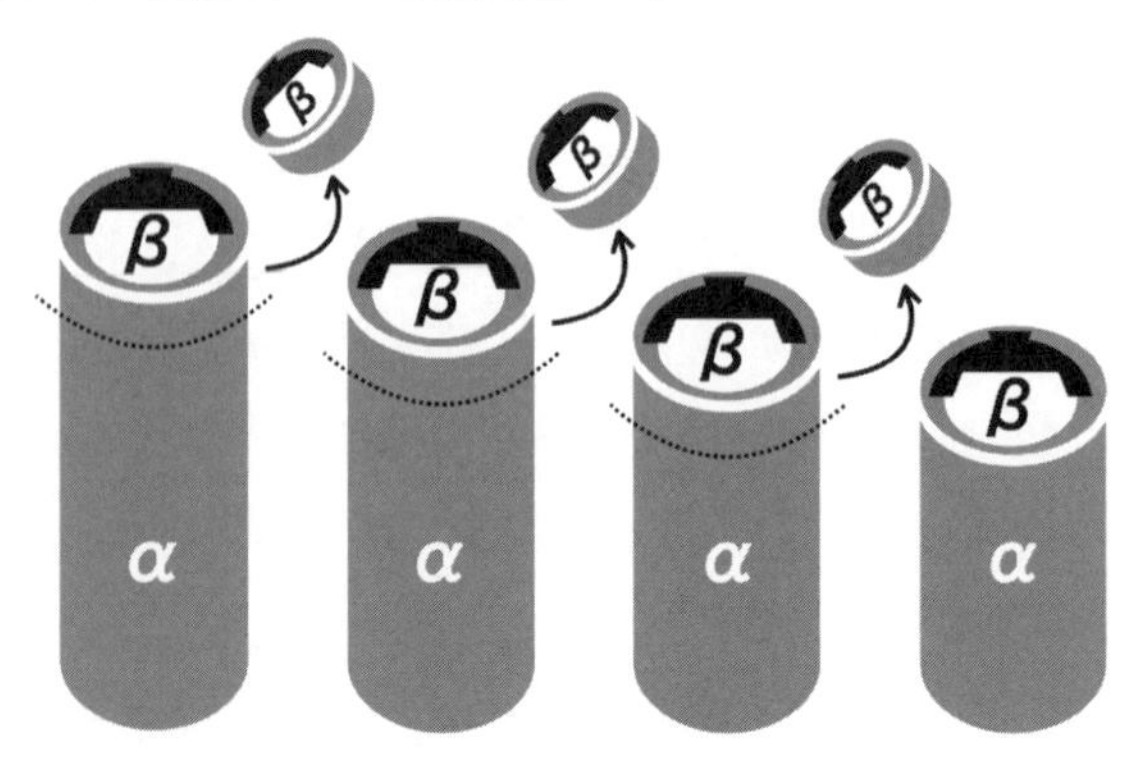

脂肪酸にはα領域とβ領域があり、即座に使えるのはβ領域。しかし、β領域が切り取られてもその切断面が新たなβ領域になる。切っても切っても同じ金太郎の顔が出てくる飴のようなもの。この一連の反応をβ酸化と呼ぶ。

脂肪が優秀である別の理由は、脂肪の主成分である脂肪酸の活用法にあります。脂肪酸は方向性を持つ細長い分子です。一方の端から他方の端まで長さのある分子と考えてください。ミトコンドリアにおいて、エネルギー源として用いられるのは尾の先っぽの部分だけです。使われる際、そこが切り取られ、その部分はアセチルＣｏＡという分子に変化し、ミトコンドリア内で行われるエネルギー産生の代謝反応に加わります。

面白いことに、切り取られた残りの脂肪酸は、切断面から化学反応が起こり、再びエネルギー源として利用できる部位が形成されます。つまり金太郎飴のように、脂肪酸は切っても切ってもエネルギー源として利用できる部位が出てくるというわけです（図1－6）。

この特有の反応をβ酸化と呼びます。βは炭素の位置を示すもので、脂肪酸では、切っても切っても、長さが続く限りβの位置にあたる炭素を含む末端が出現します。このような脂肪酸を主成分とする脂肪は使い勝手がよく、優れたエネルギー源なのです。

エネルギー効率が圧倒的に高く、使いやすいため、生物進化の過程で脂肪がエネルギー源に選ばれたのは自然なことと言えます。脂肪に対する理解とその価値を再評価することで、より健康的な視点を得ることができるのではないでしょうか。

1－7　始原生殖細胞という存在の特別さ

生物の定義の中で「遺伝子を持ち、遺伝情報を複製すること」、ならびに「繁殖によって種の継承を行うこと」の重要性を説明しましたが、それに関連した大切な話をします。

ちょっと変な質問をしますね。もし「あなた自身の身体における、生物個体としての主人公は誰ですか」と聞かれたら戸惑われるのではないでしょうか。「当然、私自身です」と返答される方も多くいらっしゃるでしょう。なぜ、このようなことを聞くのかと言いますと、始原生殖細胞のことを考慮すると、その質問に対する回答が違うものになるかもしれないからです。

何らかの戦闘型ロボットが登場するアニメを思い浮かべてみてください。人がコックピットに乗り込むタイプでお願いします（例えば、ガンダム、エヴァンゲリオン、マクロス、イデオンなど）。この項では、あなたが「私自身」と思っている存在はロボットアニメにおけるロボットであり、実際に操縦する主人公は別に存在するという視点もあることをお伝えしたいと思います。その主人公とは始原生殖細胞です。

始原生殖細胞の説明をするためには、一個体の生命のスタート日について説明する必要があります。皆さんが人生のスタート日はいつかと尋ねられたとしたら、自分の誕生日を挙げることでしょう。

しかし、生物学的にはその人自身のＤＮＡの塩基配列が決まる瞬間、すなわち受精した日こそが、生物個体としてのスタート日となります。出産予定日は最終月経（妊娠する前の最後の月経）から２８０日後とされますが、実際には最終月経の２週間後に受精が成立していると考えられるので、出産予定日の約266日前が受精日となります。

仮に、出産予定日が12月25日だとすると、その人の受精日はその年の4月3日頃になります。受精卵は父親の精子と母親の卵子から形成されます。父親の精子は睾丸の中の精巣で生成され、特に将来生まれてくる子どもの精子や卵子になる細胞は精原細胞と呼ばれます。精原細胞の源となる細胞が始原生殖細胞です。面白いことに、始原生殖細胞は受精から2週間後には形成されています。12月25日に生まれた赤ちゃんにおいては、その始原生殖細胞が存在し始めるのはその年の4月17日頃となります。

この時期は一般的には妊娠4週目とも呼ばれ、胎芽は勾玉（まがたま）のような形をしており、直径は1ミリメートル程度しかありません。ちょうど母親の子宮の胎盤に着床する時期でもあります。この胎芽の段階で、あなた自身の体の本体となる細胞群と、将来の精子や卵子になる細胞群（始原生殖細胞）はすでに区別されているのです（図1-7）。

また、胎芽における始原生殖細胞はその表面に近い領域、つまり胎芽の外側に存在します。その後、約2週間かけて胎芽が成長し、生殖腺と呼ばれる組織が形成されると、始原生殖細胞は血管を通じて移動し、内部へ侵入し生殖腺に到達します。さながらロボットの

図1-7　特別に隔離された始原生殖細胞

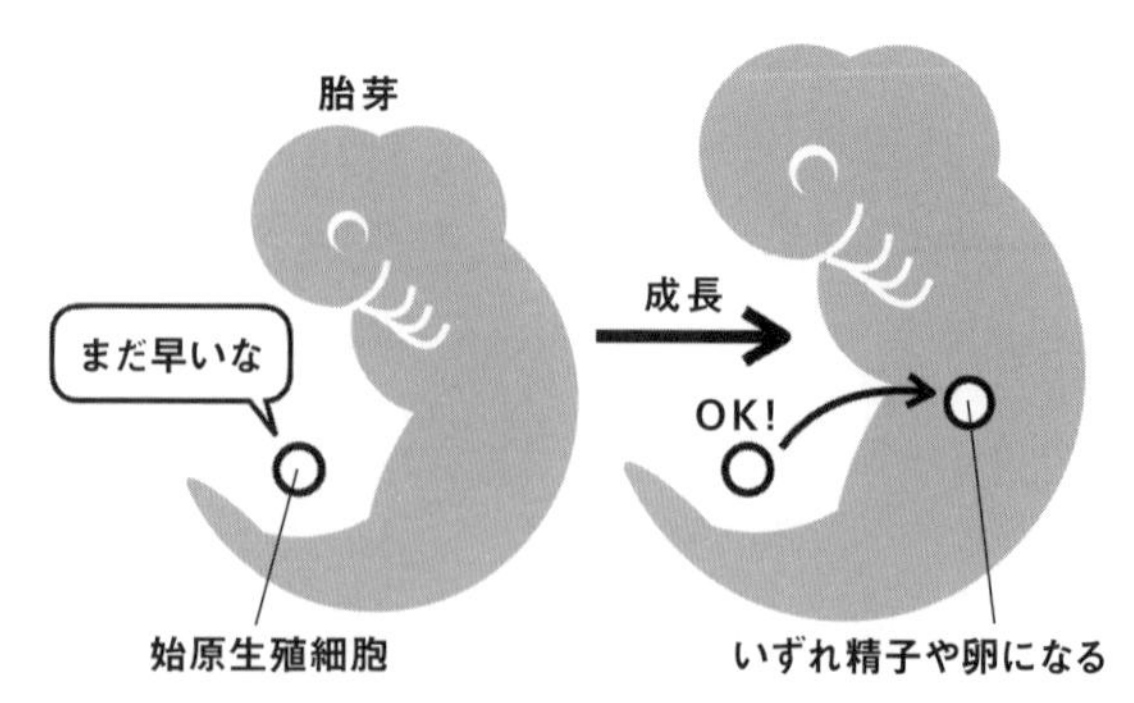

始原生殖細胞は受精後すぐに生物個体本体から分離し、本体が十分に成長したのを見計らってから本体の中に移動する。そして、いずれ精子や卵になる。つまり本体の遺伝子は物理的に次世代に受け継がれることはない。

コックピットに操縦士が乗り込むようなイメージです。

その後、操縦士はいつか来る出陣の時までコックピット内で待機し続けます。その間に、ロボットはどんどん発展し、つまりあなた自身の身体が成長していくわけです。しかし、ロボット自体は次世代に伝わりません。次世代に移動するのは操縦士、つまり始原生殖細胞から派生した細胞群です。

始原生殖細胞の形成される時期、位置、動態は生物種によってかなり異なりますが、少なくとも哺乳類では前記のような仕組みになっています。

生物個体の本体となる細胞群とは別に、精

子や卵などの生殖細胞の形成に関わる特別な細胞群が存在するのです。その本体は子どもから成人へと成長し、最終的には死を迎えます。

それと並行して、始原生殖細胞から派生した細胞群の一部は次世代へとつながり、次世代の始原生殖細胞もそこから形成されます。つまり、私たちが「自分自身」と認識している身体は、これらの細胞が遺伝子を次世代にバトンタッチするためのツールにすぎないと考えることもできるわけです。

たしかに私たちは日々成長し、成熟し、最終的には老いて死にます。しかし、少なくとも同じゲノム配列を有している始原生殖細胞は私たちとは別のライフサイクルを持ち、タイミングが来たら新たな命として出発します。私たちはそれを見送るしかないのですから、覚悟を決めて送り出してあげるほかありません。

ただし、この絶対的に受け入れなければならない事実がクローン技術によってまさに今崩れようとしています。それは、あとの章において説明します。

1-8 獲得形質は遺伝しない!?

始原生殖細胞のことを考慮すると、ほかにも見えてくるものがあります。あなたが素晴らしいアスリートとして体を鍛えたとしましょう。あるいは優れた学者として知識を深めていったとしましょう。これらの努力はいつか結実する日が来るかもしれません。しかし、それらの努力が次世代（子ども）への遺伝に直接の影響を与えることは基本的にはありません。少し悲しいお話ですが、これは生物学の真理として受け止めていただく必要があります。

生物個体がその生涯の中で得た特性や能力、変化は「獲得形質」と称されます。これらは主に努力によって得られますが、獲得形質は次世代には遺伝しません。その理由は、遺伝に関与するのは始原生殖細胞の遺伝情報だけであり、生物個体の本体に生じる変化は次世代への遺伝の対象とはならないからです。

19世紀初頭に活躍したフランスの博物学者、ラマルクは進化論の一つである「用不用説」を提唱しました（彼は生物学を意味するBiologyという言葉を初めて用いた人物としてすでに本書で紹介しています）。彼の理論は「獲得形質は遺伝する」という主張を中心としたものでした。

それは、キリンは高い枝にある葉を食べるために首を伸ばすと、その努力の結果として首が伸びていったという考え方です。また、鳥においても飛ぶために翼を頻繁に使った結果、翼が発達し、その特性が子孫に遺伝したという考え方になります。ある世代が努力の成果として身につけた特性が次世代に遺伝するという仮説が「用不用説」です。しかし、実際には獲得形質は始原生殖細胞などの生殖系列の細胞の遺伝子に影響を与えないため、この理論は現代の遺伝学の観点からは誤りとされています。

ただし、獲得形質が一切遺伝しないと考えてしまうのは少し早合点かもしれません。生殖系列の細胞において遺伝的変化が加わることも獲得の一種であり、それは次世代に影響を与えるはずです。

また、始原生殖細胞に由来する精子や卵や受精卵に生じた遺伝的な変化も、次世代に影響を及ぼします。これらは後述する遺伝子組換え技術で人為的に生じさせることができます。

植物では、茎の先端の分裂組織から新たな茎や葉、花が形成され、これらの細胞群への遺伝的な変化もまた次世代に影響を与えます。さらに、大腸菌や酵母菌のような単細胞生物は、分裂や出芽を通じて自身が次世代を形成するため、これらの生物に何らかの遺伝的な変化が生じた場合、それは次世代に影響を及ぼします。
エピジェネティクス[*7]の観点からも、「獲得形質は遺伝しない」という鉄則は必ずしも成り立ちません。遺伝子自体の配列は変わらなくても、その遺伝子の発現を制御するメカニズムが環境によって変わることがあります。これらのエピジェネティックな変化は何世代にもわたって継承されることがあるとわかっています。

注

＊7　エピジェネティクス：生物学の一研究分野。DNA配列そのものは変わらずともその遺伝子の発現を制御する化学的な修飾（エピジェネティックマーク）がDNAに加わることに注目したもの。エピジェネティックマークは、生物が外部環境からの信号を受け取り、それに適応するための一つの方法として働く。一部のエピジェネティックマークは子孫にも遺伝していく。

1-9　免疫を司る細胞たち

第1章では全体を読み進める上で基盤となる生物学の知識を把握してもらうことを目指していますが、最後は皆さんの身体を細菌やウイルスなどの侵入者から守ってくれる免疫の話で締めます。

免疫は様々な役割を持つ細胞が連携して成立しています。ここでは、架空の王宮を舞台にたとえ話を用いてそれらを説明していきましょう。国の名前は何でもいいのですが、仮にナイスヒューマン王国（Nice Human Kingdom、通称ＮＨＫ）としておきましょう。この国には、その名の通り、善良な人々のみが住んでいます。そして彼らが毎日笑顔で、争いごとなど一切せずに暮らせる秘密があるそうなのです。

それは、ＮＨＫの王宮の奥に、人々の善良な心を導く秘宝が隠されていることです。それゆえに、他国やマフィアがＮＨＫの王宮に目をつけ、侵入を試みます。侵入者には、忍者のような姿をした明らかに怪しい者（忍者タイプ）、善良な人々と区別がつかない者（スパイタイプ）、そして、元は善良な人々だったのですが、心を改造された者（改造タイプ）がいます。しかし、ＮＨＫの王宮には、これら3タイプの侵入者を退治することを専門としたグループ、その名も「イミュニティ」が守りを固めているのです。では、このイミュニティに属する9人のメンバーを紹介しましょう。

まず、赤太郎、黄太郎、青太郎という三人組です、彼らはそれぞれに専門性があり、それに応じた忍者タイプの侵入者を的確に退治していきます。

次に、長い手足を持つ大柄のマック。彼は一人で多くの敵を捕まえ、退治します。そして最後に、血の気の多いニック。彼は忍者タイプだけでなく、明らかに改造タイプと思われる侵入者も、見つけたら即座に退治します。これらの5人だけで侵入者の99％を退治していると言っても過言ではありません。それぞれの詳しい役割については表1－9をご参照ください。

やっかいなのが、スパイタイプと改造タイプの侵入者です。彼らは一見、善良な人々と区別がつきません。そこで活躍するのが、フジコ、ルパン、次元、五右衛門の4人からなる特戦隊です。その働きの特性から、某漫画のキャラクターの名前で呼ばれています。フジコは怪しいと思われる侵入者をその魅力で引きずり込んでチェックし、その情報をルパンに報告します。ルパンは敵を見分ける天才。彼の判断で、侵入者がスパイタイプであれば次元に、改造タイプであれば五右衛門に指令が出ます。次元は銃の名手なので、放たれる弾は百発百中、外れません。五右衛門は剣の達人ですから、迷うことなく敵を切り刻みます。それぞれがルパンからの命令に従い、侵入者を退治するのです。また、再び同じ敵が来た時にはルパンからの命令がなくとも、この2人は仕事をしてくれます。かくして、この9人の巧みな働きにより、NHKの王宮にある秘宝はしっかりと守られているのです。

架空の王宮のお話はここまでですが、洞察力のある読者なら、これらが何を象徴しているかにお気づきかと思います。

この「イミュニティ」は、実際には「免疫」を指しています（英語ではImmunity、和訳として免疫のほかに抗体など）。そして、登場した9人のキャラクターは、それぞれ免疫系で働く細胞を象徴しています。「改造タイプ」の侵入者とはウイルスに感染した細胞やがん化した細胞を指し、次元が放つピストルの弾は抗体のことを示しています。

ぜひ、エンドロールとして表1－9をご覧ください。この物語と対比しながら表を参照すれば、免疫の基本的な仕組みがより深く理解できるでしょう。将来的には様々な薬や治療法が開発されると予想されますが、それでも免疫系の力を借りることは不可欠です。

あるいは、免疫系自体を強化したり調節したりすることで可能になる治療法も現れることでしょう。免疫に対する正確な生物学的な理解を持つことは、未来の医療に対する理解を深めるために重要であるため、物語を交えて紹介してみました。

役　名	細胞名	解　説
フジコ	樹状細胞	マクロファージと同じくアメーバ状の細胞。病原体をキャプチャし、その情報をヘルパーT細胞に伝えることで、特定の病原体に対する適切な免疫応答を開始する役割を持つ。免疫系の情報処理センターのような役割を果たしていると言える。
ルパン	ヘルパーT細胞	免疫系の総司令官と言える細胞。樹状細胞が提示した情報を参考にして、それが自己なのか非自己なのかを認識し、非自己の場合には攻撃する命令を出す。ヘルパーT細胞の前駆細胞というものがあり、胸腺（きょうせん）において徹底した自己／非自己認識教育を受け、卒業したエリート細胞だけがヘルパーT細胞になれる。エイズの原因となるウイルスHIVはこのヘルパーT細胞を標的とするため、エイズに感染すると免疫不全となる。
次元	B細胞	特定の病原体に対する抗体を産生する。抗体は、病原体を中和し（無力化し）、他の免疫系の細胞がそれを破壊することになる。物語内でのピストルの弾は抗体を意味する。初めての侵入者に対する応答は時間がかかるが、二度目以降の侵入者についてはヘルパーT細胞の指令を待たずに素早く応答することができる。つまり、免疫記憶を担っている。ワクチンはこの免疫記憶をつくるために用いられる。
五右衛門	キラーT細胞	細胞障害性T細胞とも呼ばれる。主にウイルスに感染した細胞やがん細胞を攻撃する。特定の抗原を認識した上で攻撃は行われる。B細胞と同じく免疫記憶を担っている。

表1-9　免疫系を司る細胞たちとその役割

役　名	細胞名	解　説
赤太郎	好酸球	いわゆる白血球の一種であり顆粒球(かりゅうきゅう)とも呼ばれる。寄生虫の感染に対抗し、アレルギー反応にも関与する。酸性の色素に染まりやすい。リトマス試験紙は酸性で赤を示すので、物語内では赤太郎と命名した。
黄太郎	好中球	最も一般的な顆粒球であり、バクテリアや真菌の感染に対抗する。中性の色素に染まりやすい。信号機の色にならい、物語内では黄太郎と命名した。
青太郎	好塩基球	どちらかと言えばマイナーな顆粒球であり、アレルギー反応と炎症反応の両方に関与する。塩基性の色素に染まりやすい。リトマス試験紙は塩基性で青を示すので、物語内では青太郎と命名した。
マック	マクロファージ	アメーバ状の細胞で触手のように細胞膜を伸ばして異物を捉えて飲み込む。すなわち「食作用」を通じて病原体を除去する。また、炎症の引き金となる物質を放出し、T細胞を活性化することもある。
ニック	NK細胞	正常な細胞は特定の「自己」タンパク質を表面に持っているが、ウイルスに感染した細胞やがん細胞はこれを失うか、あるいは他の「異常」なタンパク質を表面に出す。NK細胞は、正常ではなくなった細胞を見分けて攻撃する。キラーT細胞と似ているが、特異的な抗原を認識する能力はない点で大きく異なる。つまりルパンからの命令を受けない。

第2章

20世紀の生命科学革命

2-1　セントラルドグマ――分子生物学の根本的な教義

本章では主に20世紀の中頃から後半にかけて、生物学に加わった知見や考え方の中でも、特に重要なものを紹介します。その第一段は「セントラルドグマ」です。これも、たとえ話を用いて説明しましょう。

> レシピ本が大量に保管された図書館があります。レシピ本の持ち出しはできませんが、図書館の中にあるコピー機を用いて気に入ったレシピをコピーすることができます。複写物は図書館の外に持ち出すことができ、家において、複写物に書かれた内容に従って材料を集め、レシピ通りの順序で調理を行えばご馳走が完成します。

このたとえ話は、細胞内で起こっている最も重要な生命活動の枠組みであるセントラルドグマ（Central Dogma）を解説するためのものです。お手数をおかけしますが、傍線を引いたところを次のように読み替えてもらえば、セントラルドグマの基本的な枠組みを理解できます。

レシピ本 → DNA（デオキシリボ核酸）
図書館 → 細胞核
コピー機 → 転写酵素
レシピ → 遺伝子
コピー → 転写
複写物 → RNA（リボ核酸）
家 → リボソーム
材料 → アミノ酸
調理 → 翻訳
ご馳走 → タンパク質

生物学におけるセントラルドグマとは、遺伝情報を持つ化学分子であるDNAがコピーされてＲＮＡ（リボ核酸）となる「転写」の過程と、ＲＮＡの情報を元にタンパク質が合成される「翻訳」の過程をまとめて称する概念的な用語です。

　この用語は、ＤＮＡの基本構造が二重らせんであることを提唱し、ノーベル賞を受賞したことで有名な英国の生物学者、フランシス・クリックによって提唱されました。彼が１９５３年に著（あらわ）した『Molecular Structure of Nucleic Acids: A Structure for Deoxyribose Nucleic Acid（核酸の分子構造：デオキシリボ核酸の構造）』という著書で初めて使用されました。セントラルドグマを和訳すると「中心となる教義」となりますが、少なくとも私はその和訳が用いられるシーンに出くわしたことはありません。

　セントラルドグマが提唱された当時、クリックはＤＮＡ→ＲＮＡ（転写）、そしてＲＮＡ→タンパク質（翻訳）という情報の流れの方向性は生物体の中で逆行することはないことを強調しています。実際にはいくつかの例外はありますが、おおむねその考えは正しく、現在もほぼすべての場合において有効です。

　インフルエンザウイルスやコロナウイルスなどはＲＮＡを鋳型にしてＤＮＡを合成します（逆転写）が、これらはウイルスのため生物には該当しません。

結局のところ、近代生物学の主流の一つは、セントラルドグマの正確な理解と、セントラルドグマの考え方に基づいた研究であったと言えるでしょう。本章では、この考え方に基づいた重要な研究や関連する技術の中でも代表的なものを中心に紹介していきます。

2-2　分子生物学の三種の神器とは？

セントラルドグマと最も関連した生物学の学問領域は分子生物学です。分子生物学はDNA、RNA、タンパク質などの分子が生命現象にどのように関与しているかを明らかにすることを目的とする領域です。

中でもセントラルドグマの起点とも言えるDNAを調査したり、DNAを用いた実験をする手法は非常に重要です。特にDNAの解析・操作・増幅を行うための三つの代表的な技術がありますので、それらを紹介します。

第一は「DNAシーケンス技術」です。これはDNAの塩基配列を決定するための技術であり、遺伝子解析やゲノム情報を把握するために欠かせません。DNAシーケンス技術には様々な方法がありますが、20世紀を牽引したのは「サンガー法」と呼ばれる手法でした。

サンガー法は１９７０年代に開発されました。アデニン（A）、シトシン（C）、グアニン（G）、チミン（T）という、DNAを構成する塩基ごとに異なる長さのDNA鎖を合成し、それを電気泳動させることによって塩基配列を読み取る方法です。

第二は「制限酵素」です。制限酵素は細菌が自身のDNAを守るために進化したもので、特定の塩基配列を認識し、その位置でDNAを切断することができます。異なる制限酵素はそれぞれが独自の塩基配列を認識するため、多くの制限酵素が様々な細菌から取得されました。これにより、特定の塩基配列を持つ任意の領域でDNAを切断するツールを人類は手にしたのです。

切断されたDNAは電気泳動などの手法を用いて分離され、DNAの大きさや塩基配列の解析に利用されます。また、制限酵素は遺伝子組換え技術においても重要な役割を果たしました。制限酵素で切断されたDNA断片は異なるDNA断片と結合させ、新たなDNA配列をつくり出すことができるためです。

第三は「PCR（ポリメラーゼ連鎖反応）技術」です。PCR技術では特定領域のDNAを爆発的に増幅させる反応が用いられます。その反応のことをPCRと呼びます。たまに

PCR反応と呼ばれる場合もありますが、PCRが反応（reaction）という単語に由来しているのでPCRとのみ書くのが妥当です。PCRを行うには、増幅させたい領域の両端に位置する数十塩基程度の配列を正確に知っている必要がありますが、現在は多くの生物の全ゲノム配列が解読されているため、これは困難ではありません。その配列情報に基づいてプライマー[*1]を作成し、DNA合成反応を行うだけです。

PCRによって、微量の試料からでも目的のDNA領域を増幅することができます。そのため、PCR技術はDNAの診断や解析、遺伝子治療やDNAフィンガープリント[*2]の作成など、幅広い分野で利用されています。

20世紀には、ほかにも様々な技術が開発されましたが、前記の三つが最も象徴的なものです。そのため、これら三つの技術を「三種の神器」と呼ぶこともあります。実際、DNAシーケンス技術の開発に関しては1980年のノーベル化学賞、制限酵素の発見に関しては1978年のノーベル生理学・医学賞、PCR技術の発明に関しては1993年のノーベル化学賞の授与対象となりました。

注

＊1　プライマー：1本鎖からなるＤＮＡもしくはＲＮＡ断片のこと。ＤＮＡ断片の場合はＤＮＡプライマー、ＲＮＡ断片の場合はＲＮＡプライマーと呼ぶ。ＰＣＲでは通常20塩基程度のＤＮＡ断片が用いられる（目的によってははるかに長い場合も短い場合もある）。ＰＣＲの合成反応の開始点となり、プライマーによって挟まれた領域が増幅される。

＊2　ＤＮＡフィンガープリント：ＤＮＡ指紋とも呼ばれる。個人や生物の識別や身元確認に使用されるＤＮＡ配列の特徴的なパターンであり、各個人や生物は固有のＤＮＡフィンガープリントを持つ。そのパターンを利用すれば、他の個人と区別することができる。

2-3　ＰＣＲ技術が可能にしたこと

コロナウイルスへの感染を検出する手法として、ＰＣＲ技術は一躍有名になりました。ＰＣＲ技術は、体液中に微量のコロナウイルスのＲＮＡが存在する場合に、コロナウイルス特有の配列を持つＤＮＡ断片を増幅して検出するために使用されました。なお、コロナウイルスの遺伝子の本体はＤＮＡではなくＲＮＡであるため、ＰＣＲを行う前に逆転写（ＲＮＡ→ＤＮＡ）というステップも欠かせません。つまり、特定の菌やウイルスが試料内に存在するかどうかの判定にＰＣＲ技術が役立てられたことになります。それ以外にも、ＰＣＲ技術によって可能になったことは多数あります。ここでは、代表的な例について紹介しましょう。

まず、遺伝子疾患の診断です。ＰＣＲ技術を使用して、患者のＤＮＡから病原体のＤＮＡを増幅することができます。これにより、病気の原因遺伝子を検出し、疾患の診断に役立てられるようになりました。

ＤＮＡフィンガープリント（ＤＮＡ指紋）にもＰＣＲ技術が利用されます。ＤＮＡ中の特定の領域を増幅し、個人のＤＮＡフィンガープリントを解析することができます。これにより、犯罪捜査やＤＮＡ鑑定などの分野での利用が進みました。

古生物学や分類学の研究にもＰＣＲ技術が応用されます。化石の中にも微量のＤＮＡが残っており、それを抽出して、ＰＣＲによって増幅することが可能になりました。過去の生物種の分類や進化の研究において仮説の信憑性の向上に役立てられています。

ゲノム編集技術[*3]にも様々な応用がなされています。ＰＣＲによって特定のゲノム領域を正確に増幅することができますし、ＰＣＲに用いるプライマーを工夫することによって任意の突然変異などを加えることも可能になりました。

じつは三種の神器として一番目に紹介したＤＮＡシーケンス技術にも、ＰＣＲ技術が応用されています。サンガー法が塩基配列ごとに異なる長さのＤＮＡ断片が合成されることを利用して塩基配列を読む技術であることは、２－２で先述しました。通常、ＰＣＲでは増幅したいＤＮＡ断片を挟むように二つのプライマーを設計しますが、サンガー法の合成反応は1本のプライマーだけを用い、あとはＰＣＲの反応系を利用することで効率よく進みます。その後、登場した次世代シーケンス手法にもＰＣＲ技術が欠かせません。

このＰＣＲというアイデアを人類が手にしたのは１９８３年です。それ以降、生物学はもちろん人類とその社会にＰＣＲ技術は大きな影響を及ぼしました。

注
＊3　ゲノム編集技術：生物の遺伝子を人為的に変更・修正する技術。遺伝子疾患の治療研究、農産物の改良、生態系保全など多岐にわたる応用が可能であり、医学、農業、環境科学など様々な分野での進歩が期待される。

2-4　RNAはなぜ使い勝手がよいか

この章のはじめに、ＲＮＡは料理レシピの書かれた複写物という表現をしました。これは、目的のＲＮＡを細胞の中に入れてやれば、目的のタンパク質が合成されることを意味します。

多様な構造を持つタンパク質を試験管内でアミノ酸から合成することは、極めて困難です。むしろ、簡単な構造を持つＲＮＡを合成し、タンパク質の合成は細胞に委ねる戦略のほうが賢いと言えます。これはまるでレシピを準備し、材料集めと料理はプロに任せるようなものとも言えるでしょう。

ｍＲＮＡワクチンも、この戦略に従ってつくられています。コロナウイルスのワクチンとして使われるｍＲＮＡワクチンは、ウイルスの一部のタンパク質情報を持つＲＮＡを特殊なカプセルに包んで体内に注射すると、ＲＮＡが体内の細胞に入り込み、細胞の翻訳機構によってワクチンとして機能するタンパク質を合成する仕組みになっています。

分子生物学の領域では、ＲＮＡの使い勝手のよさに早くから注目が集まり、目的のＤＮＡを鋳型(いがた)として試験管内でＲＮＡを合成する技術が開発されました。具体的には、ＤＮＡ

をＲＮＡポリメラーゼ（ＲＮＡ合成酵素）およびＮＴＰ（核酸三リン酸。ＲＮＡを構成する塩基であるアデニン、グアニン、シトシン、ウラシルを含む）と混ぜ合わせ、適切な温度で反応させることで目的のＲＮＡが合成されます。

このように人工的に合成されたＲＮＡを細胞内に導入することで、細胞の翻訳機構によって目的のタンパク質が生成されるわけです。例えば、両生類や魚類の卵への顕微注入（顕微鏡下で注射する技術）を見てみましょう。ＲＮＡを含む溶液を小さな注射器を用いて卵に注入し、卵の内部でタンパク質が合成される様子を観察し、その働きを調べることができます。冒頭で述べたコロナワクチンの例も、ＲＮＡがヒトの細胞に注入されることで成立します。

また、ＲＮＡはタンパク質に翻訳される以外にも、他のＲＮＡの機能を直接阻害する働きを持つこともあります。試験管内でこれらのＲＮＡを合成し、体内で作用させることで、特定の病気に関連する遺伝子のみを阻害し、特定の疾患を治療することが可能になるのです。人工的に合成されたＲＮＡは今後も様々な場面で活用されることが期待されます。

2-5　蛍光顕微鏡とGFP

「暗闇でしか、見えぬものが、ある」とは、2021年度に放送されたNHKの朝ドラ『カムカムエヴリバディ』において、歌舞伎役者の尾上菊之助さんが劇中で演じる剣士の決め台詞でした。生物学者ならそのシーンを見ながら「これって蛍光顕微鏡のことだよ」と朝からちゃちゃを入れたかもしれません。少なくとも私はそうでした。

蛍光顕微鏡の偉大さは、暗闇の中で特定の組織、細胞、または分子を光らせて可視化させる点にあります。そのため生物学や医学において、細胞や組織の内部構造や生物分子の可視化に欠かせない重要なツールになっています。では、どのようにして光らせるのでしょうか。

様々な方法がありますが、最も一般的な方法はGFP（Green Fluorescent Protein）というタンパク質を利用することです。この分子は1994年に日本人科学者である下村脩（おさむ）博士らが発見し、その功績が称えられ、2008年に下村博士らはノーベル化学賞を受賞されました。

下村博士は、刺胞動物のオワンクラゲからイクオリンとGFPの二つのタンパク質を発見しました。イクオリンはカルシウムイオンが存在すると単独で青い光を放ちます。

一方、ＧＦＰは単独では光を放出しませんが、イクオリンから放出された青い光を吸収するとエネルギーが高められ、強い緑色光を放出するようになります。その後、ＧＦＰに注目が集まりました。つまり、イクオリンが放出する波長を持つ光線を人工的に照射することで、ＧＦＰによる強力な緑色光を得ることができるようになったのです。

生物を発光させるタンパク質以外の物質も利用されます。例えば、ホタルが発光に使うルシフェリンが代表例です。ルシフェリンはルシフェラーゼという酵素によって活性化されることで黄緑色の光を放出します。

しかし、ルシフェリンは小さな化学物質であり、その合成には複雑な化学反応を必要とします。ＧＦＰは他のタンパク質と同様に細胞内で特定のアミノ酸配列が組み立てられることによって合成されます。つまり、ＧＦＰのアミノ酸配列情報がＤＮＡの塩基配列に記録されていると言えます（図２－５）。

一方、ルシフェリンはそのような利用には適していません。例えば、Ａというタンパク質にＧＦＰを結合させるには、ＤＮＡの塩基配列上でＡの情報に続いてＧＦＰの情報を追

図2-5　GFPによって光るようになるタンパク質

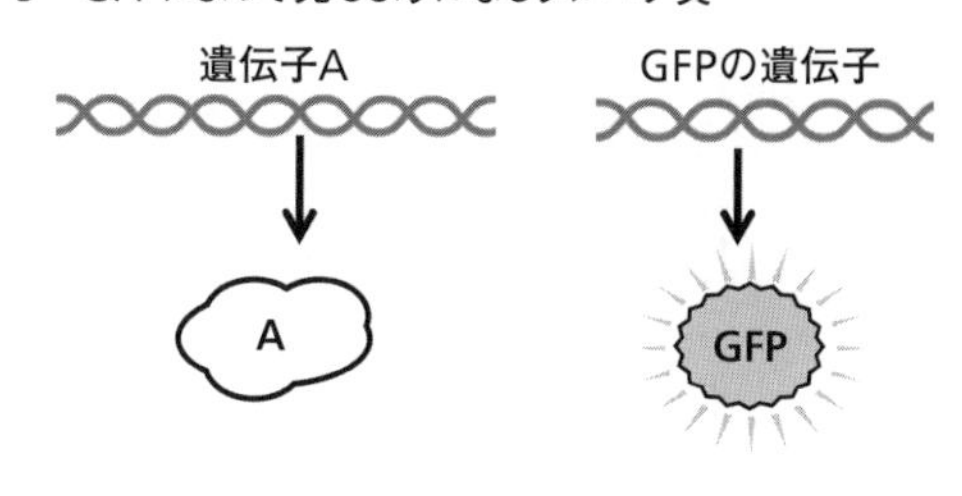

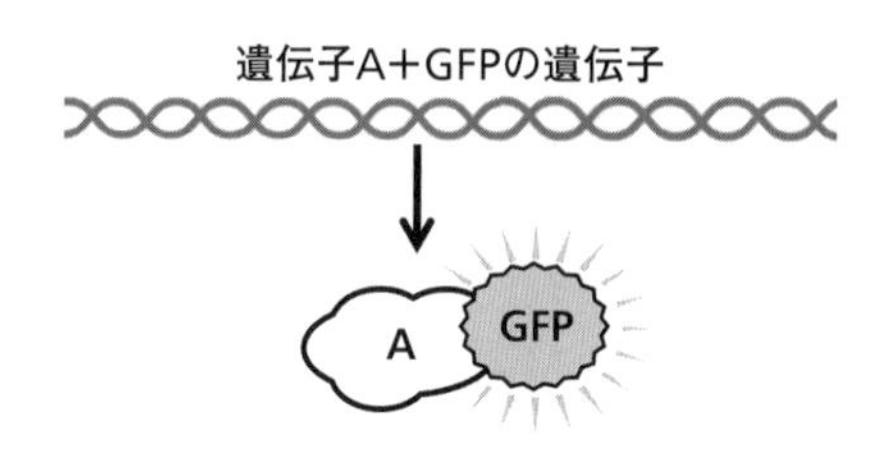

仮にタンパク質Aという分子があるとすると、タンパク質Aの情報を持つ遺伝子Aを準備できる（左上）。同じくGFPの情報を持つ遺伝子も準備できる（右上）。これらをDNA上で人為的に結合すれば、そこから転写・翻訳の結果できるタンパク質AはGFPと合体しているため、緑色に光るようになる。

加すればよいだけです（図2-5）。しかし、ルシフェリンはDNAの塩基配列として記録することはできません。このような理由から、GFPは幅広く利用されるようになりました。人工的に細胞内に導入されたGFPを蛍光顕微鏡で観察することで、どのようなことが実現されたのでしょうか。

第一にバイオイメージングが可能になりました。GFPが細胞内の特定の構造やタンパク質とともに光ることによって、それらの動態をリアルタイムで追跡できるようになったのです。

第二に、どのような遺伝子が活性化されているのかを見るための手法として活用されました（遺伝子発現解析とも呼びます）。それぞれのタンパク質の情報を持つ遺伝子にはスイッチとなる領域があるのですが、そのスイッチとGFPを組み合わせることによって、スイッチがオンになれば光る仕組みがつくられています。

第三に、細胞の追跡に用いられました。目的の細胞においてGFPが発現するようにDNAを操作しておくことによって、その細胞だけが緑に光る状態を実現できるわけです。いずれの場合も、蛍光顕微鏡を用いて観察することによって、それまでの観察手法では検出ができなかった生命現象を捉えられるようになったのです。

なお、2023年のノーベル化学賞は「量子ドット」の開発に携わった米国の科学者らに授与されました。量子ドットはナノサイズの結晶構造体のことであり、青色の光を照射されると、別の波長の光を発するという、まるでGFPのような特性があります。それを利用して、テレビや照明の技術に大きな変革がもたらされました。ナノスケールで光の波長を人為的に制御できることの偉大さが、あらためて証明されたとも言えるでしょう。

2-6　バイオインフォマティクス

バイオインフォマティクス（bioinformatics）は、生物学（biology）と情報学（informatics）を融合した学問領域です。生物学の研究において、情報科学やコンピュータサイエンスの手法を活用し、データ解析やモデリングを行うことが主な目的です。

具体的には、ＤＮＡやＲＮＡの配列、タンパク質の構造、遺伝子発現データなどの生物学的情報を元に、遺伝子の機能解明、疾患の原因探求、新薬の開発、生物進化の研究など、多岐にわたる応用が可能となっています。

この学問領域は、20世紀後半から現在までに急速に発展を遂げてきました。広義にはＤＮＡの塩基配列だけでなく、すべての生物に関する情報が対象となりますが、ここでは特にＤＮＡの塩基配列に焦点を当て、その発展を年代順に紹介しましょう。

１９６０年代から１９７０年代は、バイオインフォマティクスの黎明期（れいめいき）とも言える時期でした。当時、ＤＮＡの塩基配列の解読やアミノ酸配列の分析は手作業で行われており、利用可能なデータベースの構築や科学者間での情報共有が主な課題だったのです。１９８０年代に入ると、遺伝子の塩基配列解読のための機器であるシーケンサーの利用が広まり、大量のＤＮＡ配列データが蓄積され始めました。これは、初期のバイオインフォマティクスの基盤が整い始めた時期です。

１９９０年代には、ヒトのゲノムの全塩基配列を読み取る「ヒトゲノムプロジェクト」が開始され、バイオインフォマティクスの重要性が広く認識されるようになった時代です。それに伴い、データベースの規模が大幅に拡大し、生物学者と情報科学者が共同で研究を進めるようになりました。

ここからは21世紀になってからの話となりますが、２０００年代には次世代シーケンサーの導入により、塩基配列の情報量が飛躍的に増加し、分子の機能予測や進化的な関係性の解析も可能になりました。

２０１０年代には、プログラミングを得意とする科学者が生物学の分野で活躍を始め、人工知能や機械学習の進歩がさらなる発展を促していきます。

そして、２０２０年代には、ＣｈａｔＧＰＴなどの生成ＡＩの出現により、手動で行われていたプログラミングがウェブ上で迅速に提供されるようになりました。その発展は今後も加速していくことが期待されています。

図2-7① クローンの定義

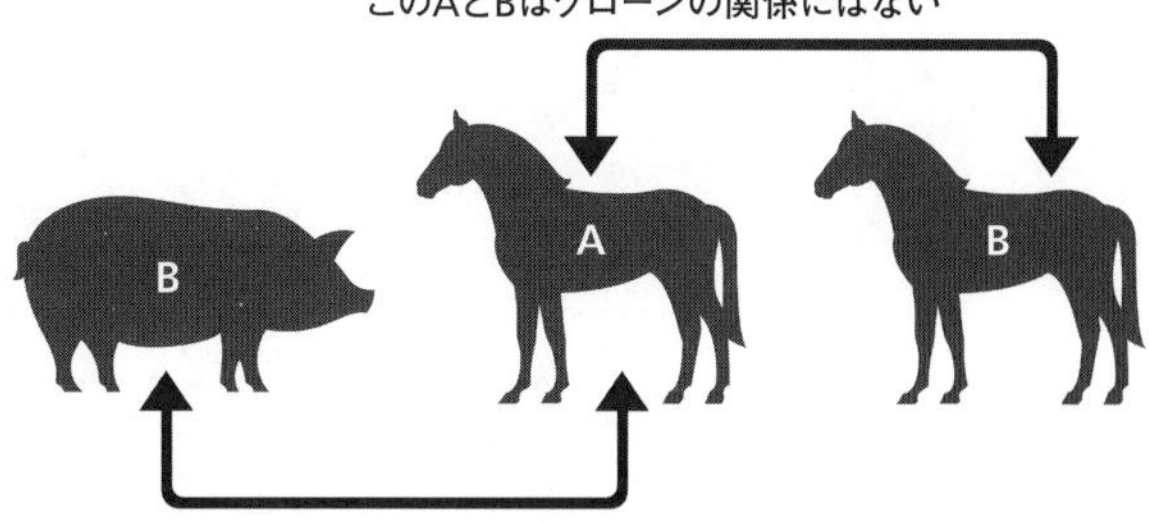

個体Aと個体Bの関係がクローンであるかどうかは、遺伝子の塩基配列が相同であるか否かで決まる。

2-7 意外と身近な「体細胞クローン」

クローンという言葉はほぼ誰もが耳にしたことがあるでしょう。私は仕事柄、クローンとは何かを説明する機会がよくありますが、その際には、生物個体Aと個体Bを予め設定するようにしています。

この時、個体Aと個体Bは見た目がどれだけ違っていても構いません。行動パターンや集団の中での役割が異なっていても関係ありません。存在している時期が重なっている必要もありません。とにかく個体Aと個体Bの持つゲノム上にあるDNAの塩基配列が相同であれば(完全に一致していれば)、AとBはクローンの関係にあると言えます(図2-7①)。

ＢがＡに由来する場合は、ＢはＡのクローンであるとも言い換えられます。なお、生物個体ではなく細胞Ａと細胞Ｂとしても、この考え方は成り立ちます。日本のある研究室に保存されている細胞Ａと米国のある研究室に保存されている細胞Ｂについて、それらのＤＮＡの塩基配列が相同であれば、クローンという関係が成立します。

実は自然界はクローンで満ちあふれています。

細菌などの単細胞生物は細胞分裂によって個体数を増やします。この時、突然変異などが原因で塩基配列に変化が生じない限り、分裂を繰り返すことでクローンが増え続けると言えます。

また、多細胞生物、特に植物の世界では、クローンの存在が顕著です。植物が行う栄養生殖という繁殖方法では、親植物の遺伝的情報が完全に複製され、新しいクローンが生成されます。例えば、イチゴは根茎を地表に広げて新たな植物を形成することができます。

さらに、竹林は典型的なクローン集団と言えるでしょう。園芸の技術である「挿し木」や「接ぎ木」も、実際にはクローンを生成しているのです。桜の一種であるソメイヨシノ

図2-7②　体細胞クローン

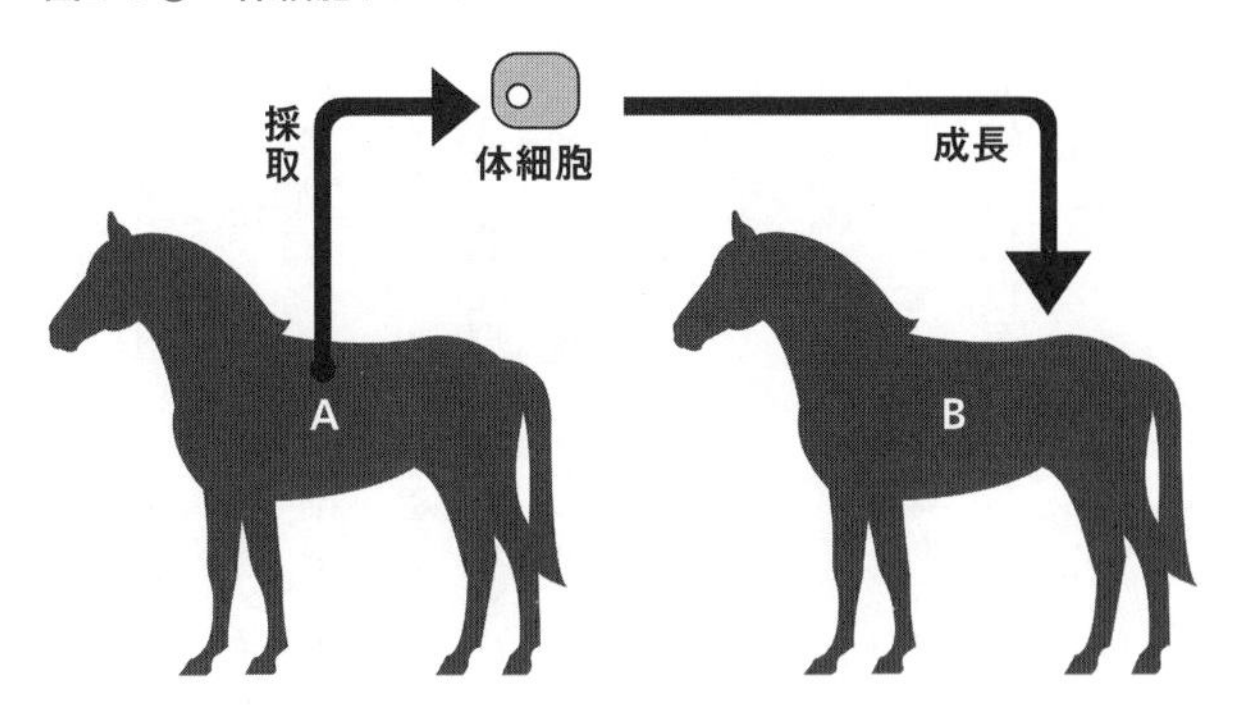

個体Aの体細胞を採取し、それを元にして個体Bがつくられたとすれば、BはAの体細胞クローンとなる。もちろん、AとBはクローンの関係にあると言える。

は、「接ぎ木」の繰り返しにより日本はもとより、世界中にそのクローンが広がっています。

次に「体細胞クローン」について説明します。「体細胞クローン」はクローンの形態の一つとして認識されています。これは主に動植物において、実験的にクローンが作成される際に用いられる用語です。再び、個体Aと個体Bという表現を用いるとすれば、成体の個体Aから採取した何らかの組織や臓器中の細胞を用いて新たに成体の個体Bが生み出された場合、個体Bは個体Aの体細胞クローンであると言えます（図2-7②）。

植物の例を挙げると、1960年代には、ニンジン等の体細胞からプロトプラスト（細胞壁を除去した細胞）を生成し、これを培養してカルスと呼ばれる細胞集団をつくり、適切な植物ホルモンを作用させることで体細胞クローンを作成する研究が報告されていました。脊椎動物でも、1962年にイギリスの科学者ジョン・ガードン博士がアフリカツメガエルのオタマジャクシの腸細胞を用いて体細胞クローンを作成することに成功しました（この業績が評価され、2012年に山中伸弥博士とともにノーベル生理学・医学賞を受賞しました）。

さらに、哺乳類では1996年に6歳のメスの羊から得た乳腺細胞を元に体細胞クローンが作成され、最初の個体はドリーと名付けられました。現在では、ヒトにおいても体細胞クローンを作成することは技術的に可能です。しかし、生命倫理の観点から世界的に禁止されています。

それでも、すでにペット等に対しては応用されており、亡くなったペットの犬や猫の体細胞クローンを作成するビジネスも存在します。もちろん、一匹の体細胞クローンペットの作成には数百万円が必要となり、現状では限られた富裕層のみが利用できるサービスであると言えそうです。

2−8　人が眠る生物学的理由

本章の最後に少し唐突な質問をします。どうして私たちは毎晩寝床につくのでしょうか。眠っている時は「何もしていない」ように思えますが、実はその裏で私たちの身体と脳は驚くほど忙しく活動していることが、20世紀から近年にかけての研究で明らかになってきました。ここでは、その背後にある生物学的に重要ないくつかの要素を紹介しましょう。

睡眠は主に二つの状態、すなわち「レム（Rapid Eye Movement）睡眠」と「ノンレム（Non-Rapid Eye Movement）睡眠」が交互に繰り返されることによって成り立っています。その名称の通り、レム睡眠時には、まぶたの裏で眼球が活発に動いています。対照的に、ノンレム睡眠時には眼球は静止しています。ノンレム睡眠とレム睡眠の一連のサイクルはおおよそ90分〜１２０分程度で、全睡眠時間の約75％をノンレム睡眠が占めます。

ノンレム睡眠中とレム睡眠中には何が行われているのでしょうか。

ノンレム睡眠時には、体全体の多種多様な組織が修復活動を行います。その具体的な例としては、筋肉、皮膚、そして胃や小腸、大腸などの消化器官の内壁の修復が挙げられるでしょう。筋肉は、日中の運動等により、必ずしも明瞭な怪我をしていなくても微細な損傷が様々な箇所で生じています。皮膚もまた、日々の生活や環境ストレス、紫外線などによってダメージを受けています。

さらに、消化器官の内壁は、通過する食物の形状や化学的特性等によって多くの微細な変化が引き起こされています。これらの損傷や変化は、睡眠中に効率的に修復・再生されているのです。この過程は主に、ノンレム睡眠中に脳から分泌される成長ホルモンによって促進され、組織の再生や新たな細胞の生成に寄与します。また、睡眠中に各細胞へ供給される多様な栄養素も、この修復プロセスには欠かせない要素です。

21世紀になってからの発見として、ノンレム睡眠中に行われる脳の「クレンジング」というものがあります。これは脳が不要または有害な代謝物質を排出するプロセスで、主にグリンパチック・システム[*4]によって実施されます。アルツハイマー病などの神経変性疾患と関連のあるアミロイドβタンパク質も、これによって排除されることがわかってきました。

一方、レム睡眠時には、脳が一日の間に学んだ情報（短期記憶）を整理し、長期記憶に組み込む作業が行われます。このプロセスを進めるのは、海馬（脳の中央付近にある短期記憶を管理する部分）と大脳新皮質（長期記憶を保存する部分）の相互作用です。

海馬は一日の間に得た新しい情報を一時的に保管しています。この情報は、レム睡眠中に大脳新皮質に移送されて統合され、長期記憶として保存されます。また、レム睡眠中は大脳新皮質全体が活動的になり、これが新たな視覚的・感情的な経験（つまり夢）を引き起こすのです。これらの夢は新たな情報を既存の記憶ネットワークに接続するのに役立つとされています。

これらの睡眠中のプロセスを通じて、身体と脳の健康および機能が維持されます。これが新たな一日に備えるための重要な時間となるのです。実際にはほかにも睡眠中に行われる事象は数多くありますが、前記だけでもいかに睡眠が生物学的に重要なものであるか、おわかりいただけたのではないでしょうか。

おそらく、読者の中には授業中や会議中に身体が眠りを求める理由について疑問を抱かれる方もいるでしょう。それは、夜間の睡眠不足の補完、サーカディアンリズム[*5]による影響、食事の影響による血糖値の変化、そして脳への刺激が少なくなることなどが主な原因とされています。「とにかく寝てリフレッシュしちゃいましょう」と身体が求めているわけですね。

注

＊4　グリンパチック・システム：脳内の廃棄物を排出する役割を果たす、比較的新しく発見されたシステム（最初の報告は２０１２年）。この名前は、脳内のグリア細胞とリンパ系（lymphatic system）を組み合わせたもの。脳内を流れる脳脊髄液と、脳の細胞間にある微細な空間を利用して、脳内の有害な代謝物質や不要な物質の洗い出しと排出が行われる。

＊5　サーカディアンリズム：生物が持つ、約24時間周期の体内の生物学的時計のこと。概日リズムとも呼ぶ。私たちの睡眠覚醒サイクル、食事のタイミング、体温調整、ホルモンの分泌など、日々の行動や生理活動を調整している。日中もサーカディアンリズムの影響で睡眠欲求度の波がある。なお、２０１７年のノーベル生理学・医学賞はサーカディアンリズムを制御する分子機構の解明に貢献した科学者らに授与されました。

第3章 ここまで来た驚異の21世紀生物学

3−1 iPS細胞をはじめとする幹細胞技術

2012年、京都大学の山中伸弥博士がノーベル生理学・医学賞を受賞されました。日本人が生理学・医学賞を受賞するのは、1987年の利根川進博士以来、四半世紀ぶりのことで、当時はとてもセンセーショナルなニュースでした。山中博士の発見は、21世紀になり、急速な発展を遂げる幹細胞技術の中でも特に象徴的な発見と言えるでしょう。

幹細胞技術とは、特定の細胞の成長、分裂、分化（何らかの役割を持つ細胞に特殊化すること）を制御する技術です。幹細胞は、分化が生じる前の段階の細胞（未分化の細胞）であり、自己複製（自分自身のコピーをつくる）能力と、様々な種類の特殊化した細胞に分化する能力を併せ持っています。つまり、いろいろな可能性を持った若く元気な細胞と言えます。

山中伸弥博士が開発したiPS細胞（誘導性多能性幹細胞、induced pluripotent stem cells）技術は、すでにどのような組織や器官の細胞に変化できるかという意味で可能性が限定された細胞を、一気に幹細胞の状態に引き戻すといったものでした。

iPS細胞は、成熟した体細胞（例えば皮膚細胞）に山中ファクターと呼ばれる特定の転写因子を導入することで、細胞の時計を巻き戻し、ES細胞[*1]と同等の能力を持つ多能性の

図3-1　iPS細胞と山中ファクター

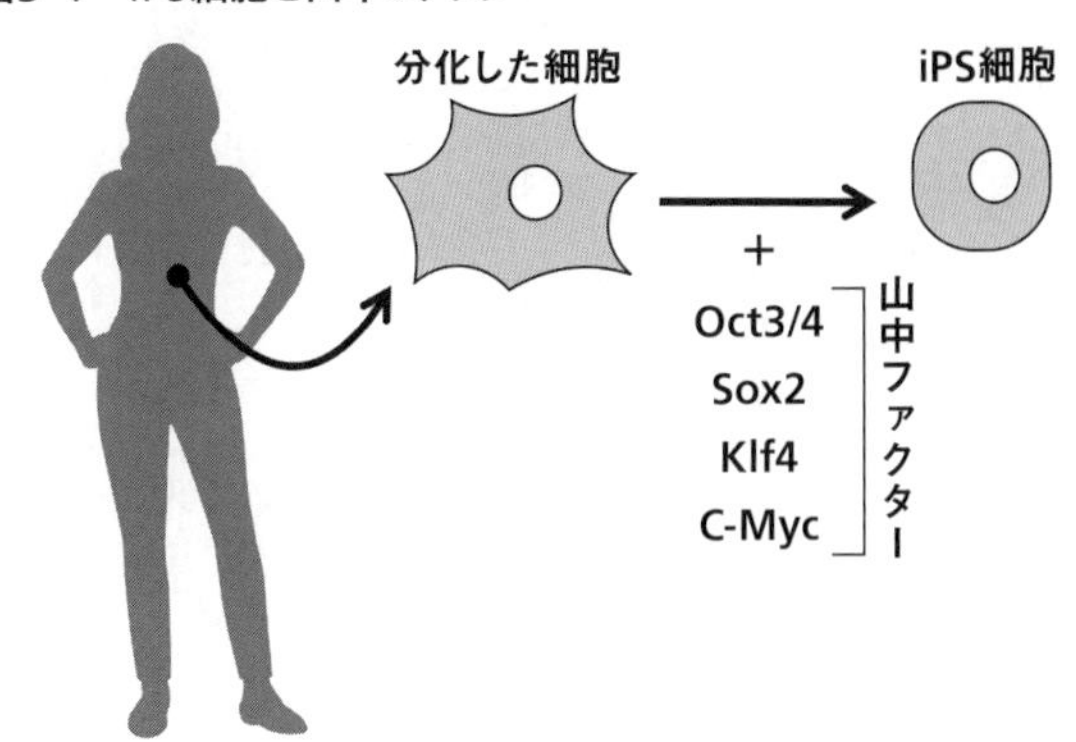

一度、分化した細胞も4つの転写因子である山中ファクターを作用させることによって、未分化な細胞に運命変換することができる。その結果、作成された多能性のある細胞をiPS細胞と呼ぶ。

幹細胞に再プログラミングする技術を基盤としています（図3－1）。この技術の発見により、ES幹細胞を利用した研究に伴う倫理的な問題を避けつつ、様々な細胞タイプに分化させることができる幹細胞を得る手法が医学界に提供されたと言えます。

山中伸弥博士とその研究チームは、2006年にマウスの体細胞からiPS細胞を生成する手法を初めて報告しました。続いて、2007年には人間の体細胞からもiPS細胞を得る手法を報告し、その後の研究においても大きな進展を遂げています。同じような性質を持った幹細胞であるES細胞と比較しても、iPS細胞は極めて優れた性質を有しています。

ＥＳ細胞は将来、一つの生命個体になる細胞群の一部に由来するため、医療的な応用を前提とした場合には倫理的な問題がつきまといます。本来、生まれるはずの命を利用しているという見方もできるからです。

一方、ｉＰＳ細胞には、そのような倫理的な問題の大部分を回避できるという利点があります。また、ＥＳ細胞の場合は自分自身のＥＳ細胞をつくり出すことはできませんが、ｉＰＳ細胞の場合は患者自身の細胞からつくり出すことができます。移植時の拒絶反応を避けられることも注目される理由です。

近年、ＵＣ－ＭＳＣ（臍帯間葉系幹細胞）という幹細胞も注目を浴びています。Ｃは細胞（Cell）のことなのでＵＣ－ＭＳ細胞と呼ぶべきなのですが、そのような呼び方はされていないので、ＵＣ－ＭＳＣと書きます。臍帯（ヘソの緒）は通常、出生時に必要がなくなりますが、そこには幹細胞が豊富に含まれています。それらの幹細胞がＵＣ－ＭＳＣです。

ＵＣ－ＭＳＣの採取は倫理的な問題がなく、安全です。また、免疫系の攻撃対象になりづらいこともわかっています。この先、医療目的に応じて様々な幹細胞が使い分けられていくことが予想されますが、UC－MSCは多くの用途に利用されることが期待されています。

これらの幹細胞技術の進歩は、医療、生物学、さらには経済に対して大きな影響をもたらすことでしょう。損傷した組織や器官を修復または再生することを目指す再生医療においては、心筋梗塞や脳卒中のあとに、損傷した心筋や脳組織を再生するために使用することが可能になると思われます。

また、糖尿病患者のための新しいβ細胞をつくり出すようなことも実現されるでしょう。パーソナライズドメディシン[*2]のモデルとしても応用できます。幹細胞から患者自身の細胞をつくり出すことで、特定の治療法が個々の患者にとって効果的かどうかを事前に試せるようになるでしょう。

逆に、特定の疾患を持つ細胞を積極的につくり出すことも可能です。疾患の発生メカニズムへの理解が深まり、新しい治療法の開発につながる可能性があります。これらすべての進歩は、新しい産業と雇用の機会を生み出すことにつながります。

例えば、幹細胞治療を提供するクリニック、幹細胞を使用するための設備や技術を開発・製造する企業、治療に必要な幹細胞を提供するバイオバンクなどです。

しかし、これらの可能性が現実になるためには、まだ解決すべき多くの問題も存在します。例えば、適切な細胞の製造、品質管理、幹細胞治療に関連する安全性と有効性、そしてこれらの新技術の費用対効果などを十分に考える必要があります。

また、クローニングや遺伝子編集などの技術が関連する場合、社会的、倫理的な問題についても考慮するべきです。それらの問題を解決しながら未来の幹細胞技術がどのような発展を遂げるのか、非常に注目されるところです。

注

＊1　ES細胞（胚性幹細胞、embryonic stem cells）：哺乳類の胚の初期段階に存在する細胞で、多能性を持つ。数日後の分裂を経た胚盤胞（受精卵が数回分裂して数百の細胞数になった段階）の内部の細胞である内部細胞塊から分離される。2007年のノーベル生理学・医学賞はES細胞を用いた技術に対して与えられている。

＊2　パーソナライズドメディシン：個別化医療とも言う。患者一人ひとりの遺伝子情報や生体情報をもとに、最も適した治療法や予防策を提供する医療アプローチのこと。従来の「平均的

な患者」を対象とした一般的な治療法とは異なり、パーソナライズドメディシンでは患者の個別の特性を考慮して最適な治療法が選択される。

3−2　次世代シーケンサーが推し進めること

遺伝子シーケンサーは、細胞のDNAの塩基配列を読み取る機械です。この読み取り行為を「シーケンシング」と呼びます。遺伝子シーケンサーの進化は、生物学の発展に拍車をかけるものとなります。こうしたなか、驚異的に低下しているのは、シーケンシングのコストです。

例を挙げると、1990年代初頭のヒトゲノムプロジェクト開始時、ヒトゲノムの完全な読み取りには数兆円が必要と見積もられていました。しかし、2003年にプロジェクトが完了した時の実際のコストは約4000億円でした。

その後の10年で、2010年頃には1億円程度でヒトゲノムを読むことが可能になり、間もなく10万円を下回ろうとする勢いです。この驚くべき価格の低化は、例えば新品の自動車が1円で買えるようになるくらいのインパクトと言えます。この興味深い21世紀の超価格破壊の歴史を振り返ってみましょう。

遺伝子シーケンシングは１９７０年代に始まりました。マキサム・ギルバート博士が開発した化学的シーケンシングとフレデリック・サンガー博士の開発した鎖終止法（サンガー法）がその創生期を支えました。特にサンガー法は、いくつかの改良が加えられながら、今でも数百塩基程度のＤＮＡの塩基配列を読む場合などにはよく用いられています。

大きな転換期になったのが、次世代シーケンサーの登場でした。次世代シーケンサーは、一度に数百万〜数十億のＤＮＡシーケンスを読み取ることができ、ゲノミクス研究を大きく前進させた立役者です。がんの遺伝子変異の解析、微生物叢の解析、ヒトゲノムの個別解析など、多くの新たな応用を可能にしました。

次世代の次のシーケンサー、第三世代シーケンサーについても考えてみましょう。その開発はすでに始まっています。例えばパシフィック・バイオサイエンスのＳＭＲＴシーケンシングやオックスフォード・ナノポアのナノポアシーケンシングなどは、より長い遺伝子配列を直接、リアルタイムでシーケンシングすることを実現します。これにより、ゲノムの複雑な領域が理解され、新たな生物学的な発見を可能にするでしょう。

これらの技術の進化とともに、塩基配列データの解析と管理を助けるソフトウェアの開発も重要なテーマになります。大量のデータを効率的に解析するためには、人工知能や機械学習を利用したソフトウェアの役割もますます重要になってきます。また、クラウドコンピューティングの進化により、塩基配列データの保存と解析が容易になり、研究者が自身のパソコンでゲノム全体を解析することも可能になるでしょう。

シーケンサー自体の小型化や低コスト化、そしてパーソナルな使用に適した進化も見逃せません。このような進歩は、個々の患者のゲノムをシーケンスし、パーソナライズドメディシンの実現を容易にすることでしょう。これにより、治療法や予防策を個々の患者の遺伝的プロファイルに合わせて調整することが可能になります。

また、単に遺伝子シーケンスを読み取るだけの時代は終焉を迎えると思われます。例えば、特定の塩基配列を変化させれば自分の病気が治るとしたら、そして、その塩基配列が容易に変えられるとしたら、誰がそのまま見守りたいと思うでしょうか。

倫理的に乗り越えなくてはならない壁はいくつもありますが、シーケンスと遺伝子組換えがセットとなったサービスが提供される日もそう遠くないような気がします。塩基配列を書き換える技術については、次項で触れましょう。

3−3 「クリスパーキャス9」は禁断の技術か

自然界では何らかのきっかけでＤＮＡの塩基配列が入れ替わることがあります。小規模な場合もあれば、大規模な場合もあります。ＤＮＡの塩基配列が変われば、その生物が持つ性質の変化につながり、最終的に進化につながることもあるでしょう。第1章でも述べましたが、その一連の過程の背景には「悠久の時」が存在します。それを人の手によって、短時間で行うのが遺伝子組換え技術です。

人為的な遺伝子組換えは１９７２年にポール・バーグ博士が、遺伝子を別の生物の遺伝子と組み合わせて入れ替える技術を開発したのが始まりとされています。その後、40年にわたって、様々な技術改良が加えられてきました。その中でも、２０１２年に開発されたCRISPR-Cas9（クリスパーキャス9）という技術は、この研究領域における近年の最大の発明と言えます。

これは、本来は細菌が有していたウイルスに対する防御機構を人為的に応用したものになります。細菌は一度感染したウイルスなどを細胞内に記憶して、次の襲来を受けた際に、効率よくそれらを排除する仕組みを有しています。

簡単に述べるならば、敵の情報を記録するハードディスクのようなものがＣＲＩＳＰＲ（クリスパー）であり、やってきたウイルスの核酸を切断してやっつける殺し屋が酵素タンパク質であるＣａｓ９（キャス９）です。

切断を指令する時はＣＲＩＳＰＲからガイドＲＮＡという核酸がつくられます。このガイドＲＮＡが指定した領域をＣａｓ９が切断します（図３−３）。

彼女らは、そのセットを巧みに利用して、ヒトなどの細胞でも、目的のＤＮＡ配列だけを狙いすまして切断する手法を開発しました。単に切断するだけではなく、切断した領域で遺伝子組換えを実現するなど、様々な応用性もあります。それらのオプションも含め、この発明を起点とした技術を総称して本書ではクリスパーキャス技術と呼びます。この発明の８年後の２０２０年、主な開発者となる二人の女性科学者にノーベル化学賞が授与されました。

クリスパーキャス技術を用いた遺伝子組換えは、従来の技術が馬鹿らしく思えるほど、

図3-3　クリスパーキャス技術の概念図

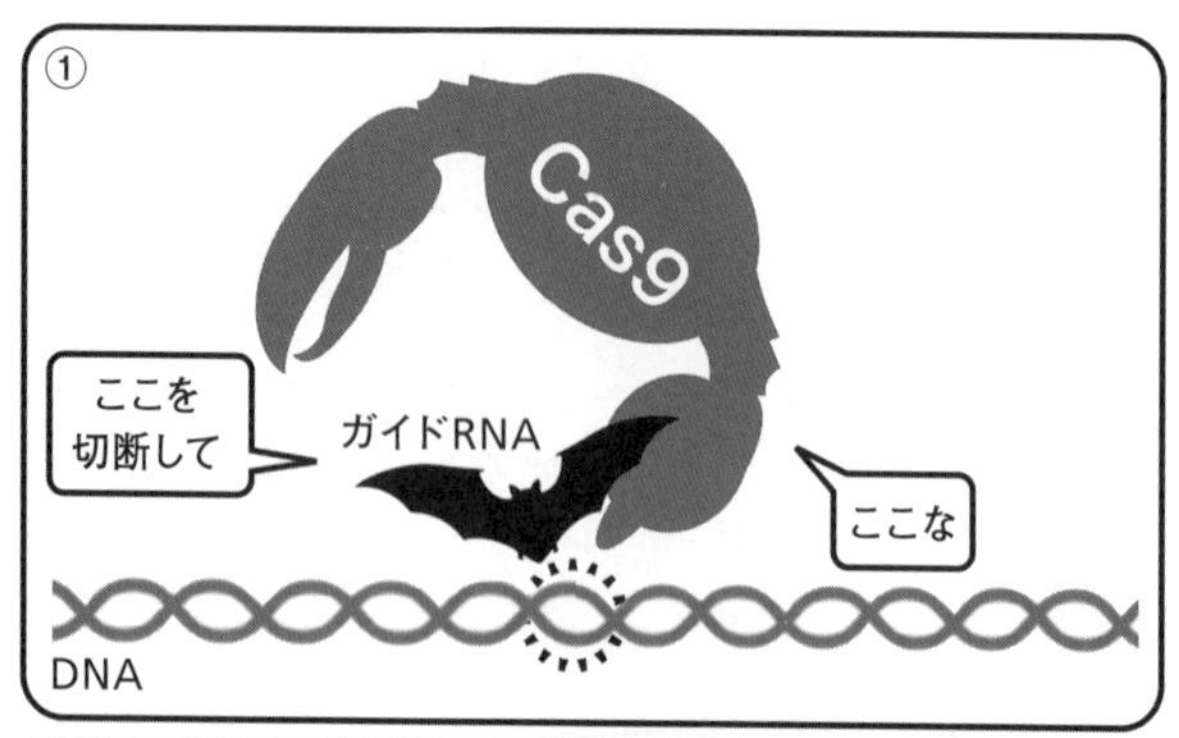

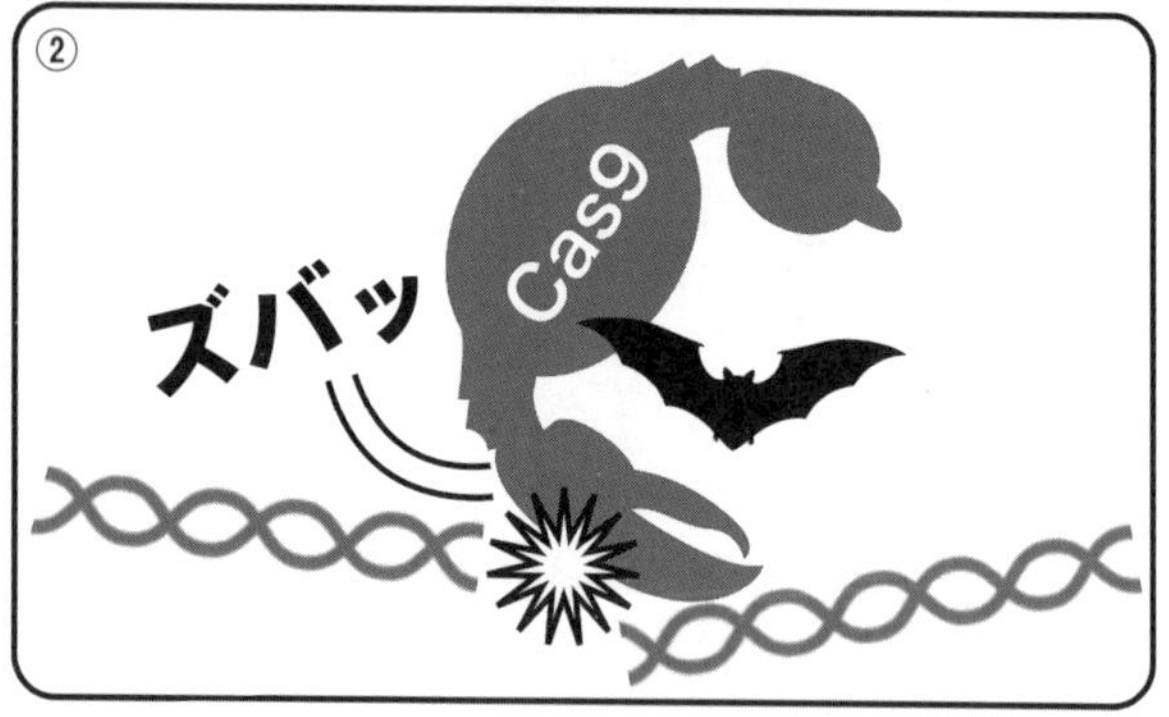

CRISPRによってつくられたガイドRNA（核酸）が、DNA上の切断したい領域を指定する。それをタンパク質であるCas9が認識して切断する。人為的にデザインされた別のDNA断片を追加することによって、切断された領域に特定の配列を追加することも可能になる（つまり、遺伝子組換えが成立する）。

はるかに簡便なもので、その精度も従来の方法を凌駕するものでした。つまり、人類は突如、生物の遺伝子を変更し、特定の特性を持つようにするためのツールを得たと言えます。また、ツールの一部を改良・変更することによって、ＤＮＡだけでなくＲＮＡを対象にしたり、ＤＮＡを切断するのではなく化学修飾を加えたりすることも実現しています。その結果、農業、医療、環境科学、食品科学など、幅広い領域での遺伝子工学の可能性が大きく広がりました。

例えば、医療においては、クリスパーキャス技術が遺伝性疾患の治療に用いられる可能性があります。遺伝子の欠陥を修正することで、これらの疾患を治療することが可能になるかもしれません。これは、特定の遺伝性疾患を持つ人々にとって、新しい希望をもたらしています。

一方、この技術の発展と普及に向けて倫理的な議論は避けて通れません。遺伝子を改変することで生じる可能性のある長期的な影響、また、デザイナーベビー（望んだ通りの特徴を持つ赤ちゃん）を生み出す可能性、老化関連遺伝子の抑制による特定の個人の長寿化の是非など、広範な社会的議論が必要とされています。

クリスパーキャス技術の登場によって、人類はまさにパンドラの箱を開けてしまったと言えるでしょう。詳しくは第5章であらためて解説します。

3-4 全体として捉える「オミクス」

大谷翔平選手がメジャーリーグで大活躍していますが、大谷選手にだけ注目すれば大活躍しているように見えたとしても、チーム全体の成績は芳しくないということはありえます。チーム状況を見極めるには、すべての選手の状態をしっかりと捉える必要があります。オミクスとはそのような考え方に従った研究領域です。

いろいろな自然現象を調べていく時に、面白そうな対象をピンポイントで絞って研究していくスタイルと、その全体像をまるっと捉える研究スタイルがあります。オミクスは後者にあたります。「丸ごと捉える」を意味するギリシャ語の接尾語がome、「学問」を意味する接尾語がicsであることから、omicsという新たな単語が生まれました。

例えば、タンパク質（protein）で言えば、細胞の中には様々な種類のタンパク質が存在します。その中の特定のタンパク質に注目するのではなく、すべてのタンパク質を一気に捉えるという場合、omicsという単語が接尾語となりプロテオミクス（Proteomics）という研究手法になります。同じく、ゲノミクス（Genomics）は遺伝子（gene）について、メタボロミクス（Metabolomics）は代謝物（metabolite）について、それらを丸ごと捉える研究手法です。

また、DNA上にある遺伝子領域をコピー（転写、transcription）したものがRNAなので、RNAを丸ごと捉える場合はトランスクリプトミクス（transcriptomics）と言います。それ以外にもオミクスを接尾語として持つ研究手法は数多くありますが、ここでは割愛します。先に述べたそれぞれについて、説明していきましょう。

ゲノミクスはヒトゲノムプロジェクト（1990年から2003年）に代表されるように、その生物の全ゲノムの配列を明らかにすることなどを目指す際に用いられます。ヒトゲノムプロジェクトの成功により、私たちは人間の遺伝情報の全体像を初めて描くことができました。この成果は、遺伝子疾患の診断や遺伝的リスクの評価など、医療の多くの分野で利用されています。

トランスクリプトミクスは、生物の遺伝子発現を全体的に調査するためのものです。R

NAシーケンシング技術の進歩などにより、どの遺伝子がいつ、どの程度、どの細胞で発現するかなどを詳細に解析することが可能になりました。

プロテオミクスとメタボロミクスは、それぞれタンパク質と代謝産物の全体像を描くためのものです。いずれも、質量分析装置という技術が活用されています。なお、2002年のノーベル化学賞は質量分析装置を大きく高機能化させたことが評価され、島津製作所の田中耕一博士が受賞されました。

DNAは転写されるとRNAになり、翻訳されるとタンパク質になります。そして、酵素タンパク質による反応によって様々な代謝物が産み出されるわけですから、同じ対象におけるゲノミクス、トランスクリプトミクス、プロテオミクス、メタボロミクスには当然、関連が生まれてきます。これからの生物学はこれらの多元的なオミクスを組み合わせて考えていくことが主流となっていくでしょう。

3-5 「mRNAワクチン」はなぜ短期間に実現したか

2021年から現在にかけて、多くの日本人が新型コロナウイルス感染症（COVID-19）

のワクチンを摂取しました。このワクチンは、COVID-19の感染拡大と重症化を防ぐために重要な役割を果たしたと言えます。中でも、mRNA（メッセンジャーRNA）ワクチンは特に活躍したワクチンです。

私自身の予測では、mRNAワクチンの医療での使用は2030年頃だと考えていました。もしCOVID-19のような大規模なパンデミックがなければ、その予測は妥当だったかもしれません。しかし、予測は外れました。mRNAワクチンは想像を絶する速さで実用化に至ったのです。COVID-19の世界的な大流行を受けて、政府や民間機関がワクチン研究・開発のための莫大な資金を提供しました。このような資金的なサポートにより、通常のプロセスよりも圧倒的に速く臨床試験などが進みました。状況の深刻さを理解し、多数のボランティアが協力し、複数のフェーズの臨床試験なども並行して実施されました。科学者、製薬会社、政府間での情報共有や協力もこれまでにないものになりました。本気になった時の人類の可能性を感じ、感動すら覚えました。また、人類にとって幸運であったのは、mRNAワクチンの技術的基盤はパンデミックが生じた時点で、既に揃っていたこともあげられます。それがどのようなものであったのか、説明しましょう。

それまでのワクチンは、弱体化ウイルス（生体に影響を及ぼす能力を失ったウイルス）、不活化ウイルス（活動を停止させたウイルス）、あるいはウイルスの一部となるタンパク質やその一部を用いたものでした。それらのワクチンを体内に注入することによって、免疫系がそれを認識・記憶し、次回同じウイルスに遭遇した際に迅速に反応できる状態にしてくれるのです。傍線を引いた仕組みは、ｍＲＮＡワクチンの場合でも同じ仕組みで働きます（免疫の仕組みについては1－9もご参照ください）。

大きな違いは、体に注入するのは塩基配列が並べられた情報分子であるｍＲＮＡであり、実際に免疫系が認識する従来のワクチンにあたる物質は人体の細胞内で合成される点です。一見、簡単な違いのようですが、これが実現するためには、数多くの乗り越えるべき壁がありました。時代に沿って説明していきます。

ｍＲＮＡワクチンという基本的な概念は１９７０年代には存在しました。ｍＲＮＡは、ＤＮＡの遺伝情報を細胞のリボソームに伝え、そこでタンパク質が合成されるための情報分子です（第2章の冒頭で説明をしたセントラルドグマの話です）。タンパク質を用いたワクチンは当時も存在していましたので、ｍＲＮＡにそのタンパク質の情報を記載すればよいという考えは簡単に思い浮かびます。しかし、安全性と効率性において大きな問題があることが指摘されてきました。

問題点の一つめは、ｍＲＮＡは細胞の中でリボソームと出合うことではじめて情報が活用されるため、注射によってｍＲＮＡが血液をはじめとする体液中に存在しても働けないという点でした。この問題を克服するために科学者たちはリポソームと呼ばれる、脂質の二重層からなる袋の中にｍＲＮＡを包み込むことにしました。リポソームが細胞膜に融合することで、リポソームの中にあるｍＲＮＡは細胞内に入ることができるようになります。

二つめは、仮にｍＲＮＡが細胞内に入ることができたとしても、速やかに分解されてしまう点です。その分解反応は体に対しては、激しい炎症反応として表面化します。免疫系はウイルスに対する防御メカニズムの一部として、外来のウイルスなどに由来するＲＮＡを検出する能力を持っています。つまり、ワクチンとして注入されるｍＲＮＡも同様に外来のＲＮＡと見なされ、この反応を引き起こす可能性がありました。

この問題は、ＲＮＡが持つ四つの塩基である、Ａ（アデニン）、Ｃ（シトシン）、Ｇ（グアニン）、Ｕ（ウラシル）のうち、Ｕが結合している領域を修飾型ウリジン[*3]に変更することで解決されました。この変更によって、ｍＲＮＡは免疫系の標的から外れるとともに、分解酵素に対する耐性も上がり、体内における安定性が大幅に向上しました。なお、この発明をした二人の科学者に２０２３年のノーベル生理学・医学賞が授与されました。

それ以外にも、多くの工夫や検証がｍＲＮＡワクチンの実現にはありましたが、大きな突破口と言えるものは前記の二つであったと言えるでしょう。

特筆すべきは、ｍＲＮＡワクチンは情報分子であるため、既存のワクチン開発プロセスよりもはるかに迅速にワクチンを設計・生産することができる点です。近年、特定の細胞にのみ、人工的に合成されたｍＲＮＡを届けるという技術の開発も進んでいます（詳しくは６－５で説明します）。ｍＲＮＡに含めるべき情報はワクチンである必要性はありません。仮に特定の細胞が病気の原因となる細胞である場合、その原因細胞の中で、原因を解決するタンパク質の情報をｍＲＮＡに記載して運び込むということも可能になることでしょう。

ＲＮＡワクチンはCOVID-19という未曾有のパンデミックの中で、全人類を対象として利用されたため、安全面における検証結果もかなり整いました。今後、他の感染症、がん、遺伝性疾患など、様々な医療分野においてｍＲＮＡワクチンの技術がさらに発展を遂げながら活用されていくことは間違いないでしょう。

注
＊3　修飾型ウリジン：シュードウリジンとも呼ぶ。ＲＮＡ分子の中のウリジン（ウラシルとリボース糖が結合したもの）のリボース糖の位置にある炭素原子（Ｃ5という番号がつく位置）にメチル基が付加され、さらにこのメチル基を介してウラシルがリボース糖と結びつくことで形成される。修飾型ウリジンは、多くの生物のｔＲＮＡや一部のｒＲＮＡにおいても見られ、ｔＲＮＡの安定性や正確なタンパク質の翻訳を助ける役割を持っていると考えられている。

3－6　ラクダの「ナノボディ」

ｍＲＮＡワクチンは抗体の話でしたが、別の種類の抗体も注目されています。それはラクダの「ナノボディ」です。ラクダのナノボディと言われると、小さな体のラクダ？　と想像された方もいらっしゃるかもしれませんが、そうではありません。

生物学の世界では、特定の生物が持つ特殊な性質が、医療などに大きく応用されることがあります。ラクダ、アルパカ、ラマなどのラクダ科の動物が持つ特殊な構造の抗体が、

図3-6　通常の抗体とナノボディの違い

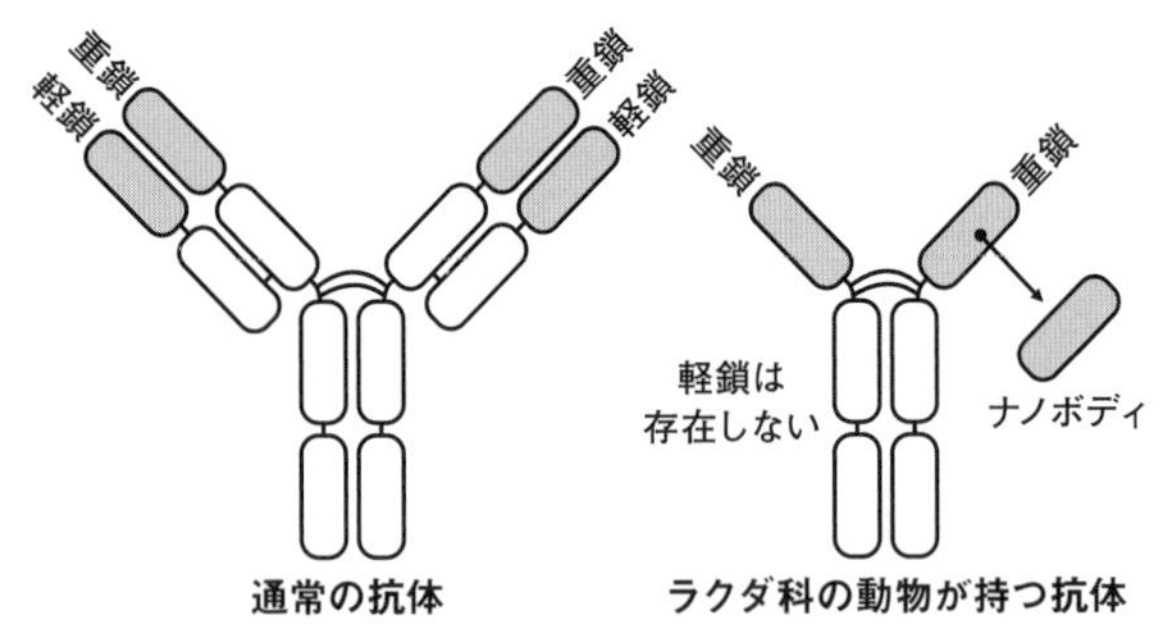

通常の抗体は2本の重鎖と2本の軽鎖が組み合わされている。抗原結合領域（灰色の領域）はその組合せでつくられている。一方、ラクダ科の動物が持つ抗体は重鎖のみで構成される。抗原結合領域だけを切り出したものをナノボディと呼び、これだけで抗原に結合することができる。

医療や科学研究において重要なツールとして利用され始めています。ここで実際に利用される分子のことをナノボディと呼びます。

伝統的な抗体は、一般的に〝Y〟の形をしており、二つの重鎖と二つの軽鎖から成り立っています（図3－6）。一方、ラクダ科の動物が持つ抗体には軽鎖がありません。さらに実際に抗体に結合する領域（その領域だけを取り出してナノボディと呼びます）は、抗体の抗原結合部位が小さくまとまっており、そのため安定性が高く、かつウイルスやタンパク質の表面に存在する深い「ポケット」の奥深くにまでアクセスする能力が高いことがわかっています（図3－6）。

これは、従来の伝統的な抗体がアクセスできない領域にまで届くことができることを意味します。その特性により、ラクダ科の動物の抗体のナノボディは、感染症の治療や診断、バイオセンサーの開発、さらにはがん治療の研究など、広範な応用分野で利用されています。特に、COVID-19のように突如現れて蔓延したウイルスに対する特効薬開発に対する期待が高まっています。

ナノボディは一種類のタンパク質だけで構成されるため、一種類の遺伝子だけでつくれるという利点もあり、つまり、軽鎖との組合せを考慮する必要がないため、人為的な構造予測が従来の抗体よりもはるかに容易です。

例えば、特定の標的に対する親和性を高めたい場合なども、一つの遺伝子だけに着目して改変を加えるだけなので、一般的な抗体と比べて考慮すべき可能性が圧倒的に少なくてすみ、簡単に構造予測ができるわけです。工業的に生産する場合も、工程が単純であるとともに、従来の抗体よりも小型で安定しているため、質の高いものが得られます。高温に対する耐性も高いため、冷蔵することなく配布できる可能性も高まるでしょう。

ナノボディを用いた治療法や診断法はまだ開発段階にありますが、先に述べたオミクスの情報を取り入れながら、21世紀を代表するナノボディ薬が次々と開発されることが期待されます。

3-7　脳科学とオプトジェネティクス

目的の細胞を光らせて、蛍光顕微鏡で観察する技術について先に述べました。一方、細胞に光を当てて活性化させるという技術もあります。それがオプトジェネティクスです。

オプトジェネティクスは、特定の神経細胞を光に反応するように遺伝子操作することで実現します。この技術は2005年に登場し、神経科学者が特定のニューロン（神経細胞）を活性化または非活性化することで、脳の特定の部分が行動、感情、思考等にどのように影響を及ぼすかを調査するための強力なツールとなりました。

未来の脳科学において、オプトジェネティクスはさらに重要な役割を果たすことでしょう。例えば、精神疾患の理解と治療において大活躍することは間違いありません。

オプトジェネティクスによって、特定の神経回路が精神疾患にどのように関連しているかの詳細が明らかにされていくことでしょう。うつ病、統合失調症、神経性食欲不振症等の疾患の原因となる神経回路が特定されれば、直接その回路を操作することで病状を改善することが可能になるかもしれません。

記憶の仕組みの理解とその人為的操作にも活用が期待されます。オプトジェネティクスで得られた情報を集積することによって、記憶の形成、保持、消去がどのように行われるかの理解が大幅に進むことでしょう。

特定の記憶を強化したり（認知症防止）、逆にトラウマになるような記憶を消去したりすることも可能になるかもしれません。さらに、脳機能の再建にも効果が期待されます。脳損傷や神経変性疾患により機能を失った神経回路を再建するための治療法開発に特に有効でしょう。また、脳の特定の部位の機能を強化し、認知能力や感覚能力を向上させることなども期待されます。どんな子でも天才にさせる技術と言えるかもしれません。

オプトジェネティクスによって、人間とマシンのインターフェースの実現にも近づきます。外科的手術を用いて、光ファイバーを脳内の特定の位置に埋めこむ必要がありますが、それによって、人間の脳と外部の機器を直接接続することが可能になるわけです。この実現によって、例えば神経系の損傷を受けた人々が義手や義足を自然に操作するのを助けるだけでなく、極めて高度なバーチャルリアリティや強化現実体験を可能にするかもしれません。

このようにポジティブなことばかりを述べましたが、人間の記憶や感情、認知能力を操作する技術ですから、悪用された場合には深刻な結果を招きます。また、大型動物の脳の中に光を発する機器を埋め込むことによって、大型動物をリモコン操作することなども実現する可能性があります。

オプトジェネティクスの研究と応用は、科学的な進歩と倫理的な配慮をバランスよく進めることが極めて重要となります。

3－8 「DIYバイオ」の時代

21世紀生物学の解説の最後に、全く別の視点からの話題に触れましょう。誰とは言いませんが、私が学生の頃に、実験室にあるPCRを行う機械、サーマルサイクラーを自宅に持ち帰り、休みの日も自宅でPCRや電気泳動を楽しむ先生がいました。なるほど、もし数百万円程度の自由になるお金があれば、こうした機器を購入して自宅でもそれなりのことができるものだなぁ、と感心したものです（男子寮で貧乏生活をしていた私には縁のない話でしたが）。

今、私が学生の頃に出会った前記の先生のようなことをしている市民生物学者、つまりＤＩＹバイオロジストが増えています。ＤＩＹとはDo it yourself（自分自身で行う）の略語で、転じて日曜大工などを指す言葉です。ＤＩＹバイオは日曜大工のごとく、家でバイオテクノロジーの研究を一般市民がすることを意味します。

ＤＩＹバイオが普及し始めている理由にはどんなものが考えられるでしょうか。

第一に、実験機材や試薬が安くなったことです（中古品が出回っていることも理由の一つ）。例えば、蛍光顕微鏡などは、普通に買うと３００万円以上しますが、中古品であれば１０0万円以下で、パソコンにＵＳＢでつないで見る簡易的なものならば20万円以下で手に入ります。その他の研究機材についても同じように、中古品や廉価品があることが増えました。試薬も然りです。

第二に、インターネットとオープンソースカルチャーが充実したことです。ネットの普及により、知識とリソースが全世界に広がりました。バイオテクノロジーの情報や教育用の資料、プロトコル、オープンソースソフトウェアなどが簡単に入手できるようになり、生成AIの登場も含め、一般の人々が自分で学ぶことを容易にしました。

第三に、バイオ実験を行うための共有スペースを提供するコミュニティラボが出現したことです。専門的な設備やリソースを共有し、メンバーが共同でプロジェクトを進めたり、新しいスキルを学んだりできる場も増えています。

では、DIYバイオが成果を出しつつある代表例として、どんなものがあるでしょうか。まず、「オープン・インスリン計画（Open Insulin Project）」です。これは血糖値を下げるホルモンであるインスリンを低コストで製造するための方法を開発しようとするプロジェクトで、DIYバイオのコミュニティによって推進されています。

このプロジェクトの目標は、糖尿病患者がインスリンにアクセスするための費用を大幅に削減することであり、公衆衛生への大きな貢献を目指して進められています。

二つめとして、「真の菜食主義者用チーズ計画（Real Vegan Cheese）」という面白いプロジェクトがあります。これは、実際の乳製品と同じような味や形状を持つ、完全に植物由来のチーズをつくることを目指した計画です。今後、私たち人類の食物生産の持続可能性と動物の福祉を改善する可能性などについても考えさせられます。

三つめに、バイオアートという夢がある話も紹介しましょう。バイオアートは、生物学と芸術を組み合わせた新しい表現形式で、ＤＩＹバイオのコミュニティの中ではかなり人気があります。例えば、バクテリアを使って絵を描いたり、生物発光を利用したインスタレーションを作成したりするなど……。そもそも、日曜大工は趣味の世界とも言えますから、アートにおける活用こそＤＩＹバイオの真骨頂とも言えるでしょう。

今後、ＤＩＹバイオはさらに普及していくと思います。ＤＩＹバイオロジストが増えることで、新たな発見やイノベーションが生まれる可能性は大きく広がります。例えば、新しい医療治療法、早期診断法、農業技術、生物ベースの材料などは誰がいつどこで発見してもおかしくありません。

また、公衆衛生と安全な環境の確保に一役買うことも期待されます。例えば、市民科学者が自分たちの地域の病気の発生を監視したり、環境汚染を検出するためのツールを開発したりすることも十分にありえると思います。もちろん、ＤＩＹバイオでシンプルに一攫千金を実現する人も数多く誕生することでしょう。

ＤＩＹバイオの普及は、想定できない危険が生じる可能性も秘めていますが、同時に遺伝子編集の使用、プライバシー、バイオセキュリティ、環境への影響など、生物学が導く未来の世界を考える上で重要なトピックに関する公開議論を促進させると思われます。バランスのとれた正しいバイオの使い方をして明るく健全な未来を導く上で、ＤＩＹバイオが大きな鍵になる時代が到来することでしょう。

第4章 ヒトが住める地球環境を導く生物学

4－1　SDGsという考え方の中にあるエゴ

これまでの章で触れたのは、未来予測に関連すると思われる重要な基礎知識や最新事情でした。この章からは、近未来に生物学が果たす役割に焦点を当てて、トピック的に解説します。特に、私たちが暮らす地球への影響から考察してみましょう。

皆さんも耳にしたことがあると思いますが、2015年の国連サミットで「持続可能な開発のための2030アジェンダ」が採択され、そこで「SDGs（Sustainable Development Goals）」という言葉が導入されました。これはメディアでも頻繁に取り上げられています。

実は、SDGsの前には「MDGs（Millennium Development Goals）」という概念が存在していました。これは2000年から2015年の15年間で達成を目指す8の国際目標と18のターゲットを設定したものです。

SDGsは、MDGsの続きとして、2016年から2030年の期間を対象に、17の目標と169のターゲットを掲げています。目標が8から17に、ターゲットが18から169に増えたわけです。参考までに、その17の目標を以下に示します。

目標1　貧困をなくそう
目標2　飢餓をゼロに
目標3　すべての人に健康と福祉を
目標4　質の高い教育をみんなに
目標5　ジェンダー平等を実現しよう
目標6　安全な水とトイレを世界中に
目標7　エネルギーをみんなに　そしてクリーンに
目標8　働きがいも経済成長も
目標9　産業と技術革新の基盤をつくろう
目標10　人や国の不平等をなくそう
目標11　住み続けられるまちづくりを
目標12　つくる責任　つかう責任
目標13　気候変動に具体的な対策を

目標14　海の豊かさを守ろう
目標15　陸の豊かさも守ろう
目標16　平和と公正をすべての人に
目標17　パートナーシップで目標を達成しよう

このような社会的、経済的、環境的課題を解決するための国際的な枠組みを全人類が共有することはとても意義深いことです。しかし、ＳＤＧｓを旗印にした活動の一部には、分類学や進化生物学を学んできた人なら違和感を抱きそうなものも含まれます。こうした指摘をあえて行うのは、ＳＤＧｓを非難するためではありません。それぞれの目標に込められた理念は非常に素晴らしいものとして尊重しつつ、生物学的な立場から個人的に気になる点を述べたいのです。

ＳＤＧｓという言葉をつくったのは人間なので、当然と言えば当然ですが、まず人間が中心の考え方になっていることは否めません。目標1から12、そして16と17の計14の目標が人間の利益に直結しています。

また、目標13から15についても、活動の一部は、人間が地球の管理者であるかのような考え方に基づいていると感じられます。人間が地球を「管理」し、環境問題を「解決できる」といったような印象を受けます。

私は、人間が地球上の他の生命体に対して優位性を持って何とかするという姿勢は、かなりおこがましいと感じます。特に目標14と15では、具体的な行動指針が人間の視点からつくられており、どの種が保護され、どの種が保護されないかの選別が、人間にとっての経済的価値や感情的価値に大きく影響されかねません。

さらに、自然を人間の生活を改善し、経済を発展させるための資源として捉えているような言い回しを耳にすることもあります。「自然」の本当の意味をよく考え、他の生物種と人類が地球上で共生することを重視していれば、そのような思考には至らないはずなのですが……。

私は、ＳＤＧｓにはそもそも人間のエゴが反映されているという共通理解を皆が持つべきだと思います。その上で、ＳＤＧｓが人間社会の問題を解決するための一つの手段であることをしっかりと認識し、そのフレームワークを通じて地球全体、すべての生物種の持続可能性を模索していくことがあるべきスタイルだと思います。

極論ですが、人類がムチャクチャなことをして、自業自得の末に絶滅し、地球環境も大きく変わったとしましょう。それでも、生き残る生物種は確実にいます。過去の地球には、もっと大きな環境変化が何度も生じました。それでも、生命は残り、地球は生命の住む惑星として存続したのですから。

もし、すべての人が身のまわりにある電源のスイッチを未来永劫すべてオフにすれば、地球環境は劇的に変化することでしょう。しかし、これは多くの人に無理を強いるネガティブな解決法と言えます。

すべての生物種は生存のために必死に努力するものです。科学技術を発展させてきたホモ・サピエンスという生物種（つまりヒト）も例外ではなく、基本的には前述のような抜本的な問題を主にポジティブな解決法で乗り越えようとしています。

では、生物学的にポジティブな解決法として何が考えられるのでしょうか。

その鍵は微生物が握っていると言っても過言ではありません。ここから、その具体例を紹介していきましょう。

4-2 人体に住む微生物——ヒトマクロバイオームの活用

人体にはたくさんの微生物が住んでいます。また、微生物群のことをマイクロバイオームと呼びます。私たち、ヒトが地球上で生き残っていく上で、人体を強化できるとすれば(先述のポジティブスタイルで攻めるとすれば)、よい微生物を人体に住まわせることが有効であると言えます。それが、どれほどの影響力を持つのか、疑問視する方もおられることでしょう。

しかし、彼らの数を知れば、きっとそのポテンシャルの高さを実感していただけると思います。それは人体には約37兆個のヒト細胞が含まれていますが、人体にはその約3倍、つまり100兆個以上の細菌が共生しているという事実です。

つまり、私たちが自分の体だと思っているものの約7割はヒト細胞ではなく、細菌などの微生物の細胞なのです。これらが影響を持たないと考えるほうが無理があります。図4-2には人体に生息する細菌の代表的なものを紹介します。

口腔
口腔内には数百種類の細菌が存在する。舌の上にいる善玉菌とされる**ストレプトコッカス・サリバリウス**、口腔に広く存在する善玉菌とされる**ベイロネラ・パルブラ**など。その他、歯のエナメル質を溶解させて虫歯を引き起こす**ストレプトコッカス・ムタンス**や、歯周病を進行させる**タネレラ・フォーサイシア**などもいる。

肺
永く肺は無菌と考えられていたが、最近は口腔にいる細菌が肺にも移動し、肺の健康を保っていることがわかってきた。

皮膚の常在菌
皮膚の健康を維持する役割を担っている。皮膚のバリア機能を強化して病原性細菌の感染を防ぐ**ブドウ球菌**、皮脂腺に生息し、皮脂の代謝を助ける**プロピオニバクテリウム**（ただしその仲間の**アクネ菌**が過剰に増殖することによって、にきびが悪化する）、皮膚表面で栄養素を代謝する**コリネバクテリウム**などがいる。

腸内細菌
最も多様な細菌が存在し、消化の補助、ビタミンの生産、免疫系の調整など、様々な役割を果たす。具体的には腸の健康を保ち有害な細菌の増殖を抑える**ビフィズス菌類**や、善玉乳酸菌とも言われる**ラクトバチルス類**、食物の分解と免疫系の調整に役立つとされる**バクテロイデス類**、ビタミンKの生成や食物の消化を助ける**大腸菌類**などがいる。

マイクロバイオームとは、特定の環境に生息するすべての微生物（細菌、真菌）やウイルスの総体を指す。上記はそれぞれ一つのヒトマイクロバイオームを構成していると言える。

図4-2　人体に生息する細菌たち　～ヒトマイクロバイオーム

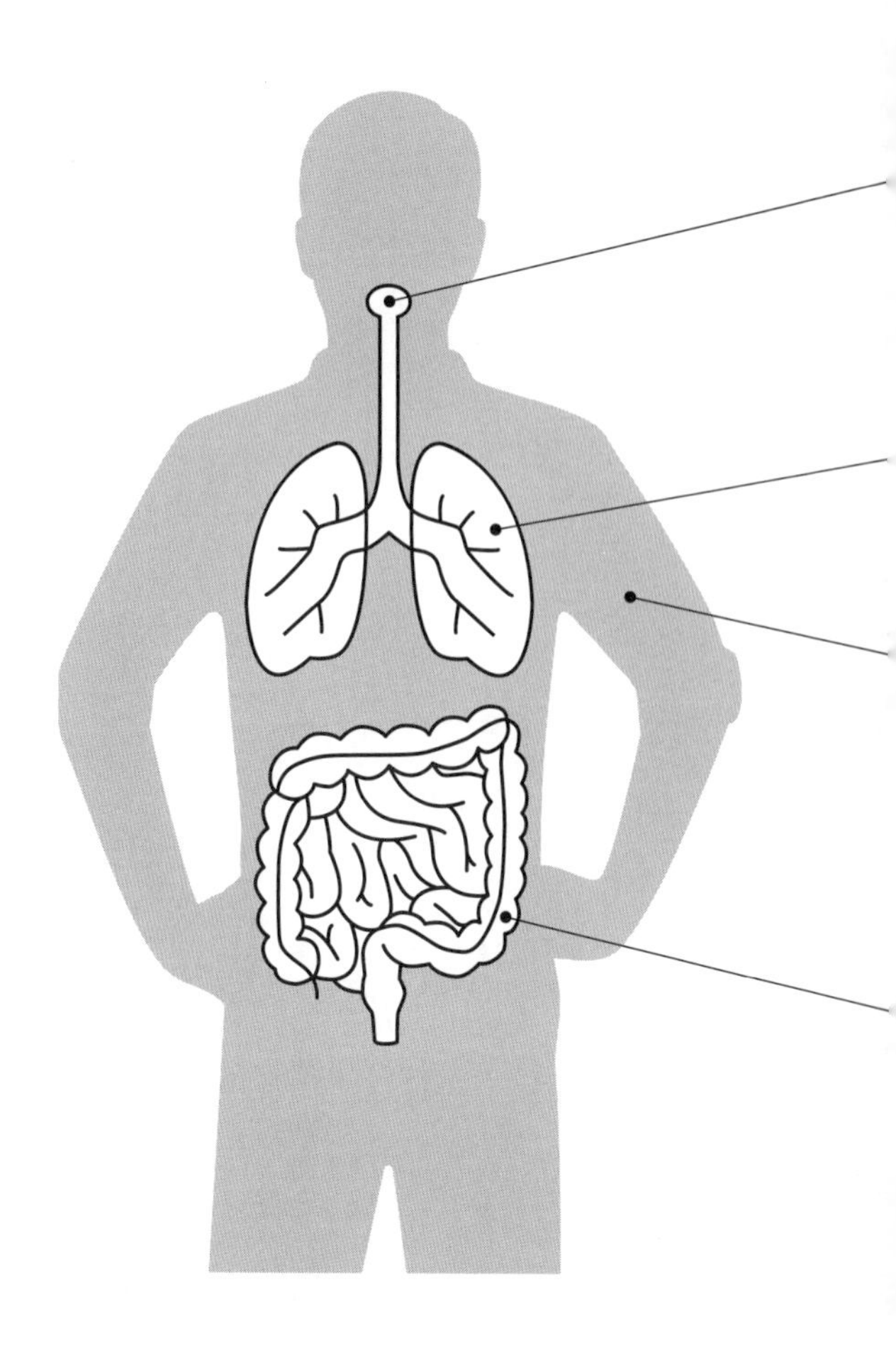

図4－2に示したように人体に共生する微生物群をまとめて、ヒトマイクロバイオームと呼びます。それらは私たちの健康状態に大きな影響を与えます。未来医療では、このヒトマイクロバイオームを利用した新たな治療法が期待されています。

例えば、適切な細菌を摂取すること（プロバイオティクス）と善玉菌の増殖を助ける食材を摂取すること（プレバイオティクス）などは、すでに活用され始めています。「フェカルマイクロバイオータ移植（FMT）」と呼ばれる、健康な人から取った腸内細菌を、病気の人の腸に移植するという方法もあります。特に抗生物質によって腸内細菌が壊滅した場合や、クロストリジウム・ディフィシル感染症などの治療に有効です。

また「パーソナライズド・マイクロバイオーム療法」も現実的になりつつあります。個々の人の腸内細菌群（腸内細菌叢とも呼ぶ）はそれぞれ異なるため、その人特有のマイクロバイオームに基づいた治療が可能になると考えられています。これにより、より個別化・パーソナライズされた医療が提供できるようになるかもしれません。

マイクロバイオームを操作する新薬も開発されていくでしょう。特定の細菌に作用する薬や、特定の細菌の成長を促進または抑制する薬の開発が進むことで、マイクロバイオームが関連する様々な疾患の治療に対応できるようになる可能性があります。

バイオマーカーとしてのマイクロバイオームの利用も将来有望です。バイオマーカーとは病状の変化や治療の効果の度合いなどを数値化できる指標です。マイクロバイオームの状態は、疾患の進行や予後を反映する可能性があります。これが実現すれば、病状の早期発見や進行度の評価、治療効果のモニタリングなどに用いられるでしょう。

さらに今後、クリスパーキャス技術（前述）などの遺伝子編集を用いれば、既存のマイクロバイオームに特定の病気を治療する能力を持たせることも考えられます。

マイクロバイオームと脳の間には密接な関連性があるという研究結果も多々あります（脳腸相関とも呼ばれます）。期待されるのはマイクロバイオームを変化させることで、精神的な疾患（うつ病や自閉症など）の症状を改善する可能性です。今、マウスなどのモデル実験動物においてオプトジェネティクス（前述）を組み合わせたこのような研究が盛んに行われています。

4－3　植物とともにある微生物

動物と同様に、植物にも多くの微生物が共生していることをご存じでしょうか。植物マイクロバイオームはそれぞれが特異な役割を果たすことで、植物に様々な利益をもたらしています。図4－3は、地上部と地中部のそれぞれにおける、共生細菌の役割や種類について記載しました。これらはまとめて「植物マイクロバイオーム」と呼ぶことができます。

これらのマイクロバイオームは、これからの持続可能な農業を支える鍵となるでしょう。例えば、病原体から植物を守る働きがあり、人への副作用の心配が少ないものがあります。「バイオペスティサイド」とも称される生物農薬です。

生物農薬には、害虫の天敵を利用する方法もありますが、ここで述べるのは微生物を活用する方法です。その代表として、バチルス・チューリンゲンシス、通称BT細菌が挙げられます。この細菌は、特定の害虫（例：イモムシやケムシ）の消化器官で活性化し、害虫を死滅させます。

また、バチルス・スブティリスには、灰色かび病やうどんこ病を防ぐ力があり、すでに

図4-3　植物に共生する細菌たち〜植物マイクロバイオーム

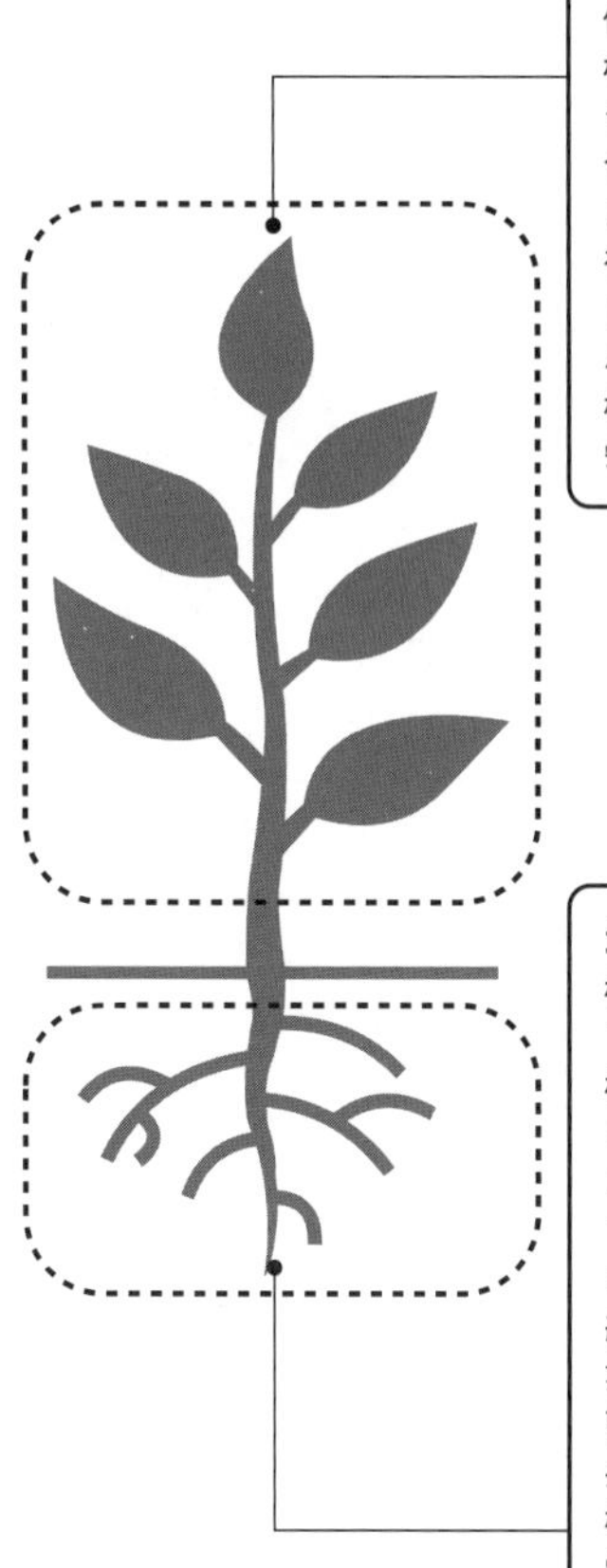

地上部に共生する細菌の例
葉や茎の表面に存在し、生育を促進する機能を持つ。これらは植物体表面に生息するエピフィティックバクテリアと呼ばれ、光合成などの機能を補助する。また、病原体から植物を保護する役割も持つ。一部のバクテリアは植物の組織内に存在し、内生バクテリアと呼ばれる。これらは植物ホルモンの生成や各種の栄養素の吸収に関与している。

地中部に共生する細菌の例
植物の成長と生存にとって極めて重要な細菌が生息する。特に、植物自身が行えない窒素固定（空気中の窒素を捉えてアンモニアや硝酸などの細胞内で利用できる形にすること）を行うことができる根粒菌などの窒素固定細菌は重要。近年、菌根菌（きんこんきん）も農業分野などで注目を集めている。菌根菌は植物の根に侵入し、菌糸を土壌中に広げる。菌糸は、根の表面積を大幅に増加させ、栄養素や水の吸収能力を高める。逆に植物は菌根菌に光合成で生成した有機物を提供する。

市場に出ています。原核生物だけでなく、真核生物の中にも農薬としての有望な微生物がいます。例えば、真菌のトリコデルマ菌の効能は、作物の根を保護し、害を及ぼす他の微生物の侵入防止です。さらに、一部の線虫は、害虫の体内に侵入してそれを殺すことができます。

そして、ウイルス自体は生物とは言えませんが、ウイルスにも害虫を駆除する可能性を持つものが発見されてきました。例えば、核多角体病ウイルスは、特定の害虫に感染するため、特定の害虫のみを狙って駆除するのに適しています。

これらをディフェンス面の強化とするなら、積極的に栄養を集めて成長を促すものは、オフェンス面の強化と形容することができるでしょう。

図4-3に示した通り、光合成を補助する細菌、成長ホルモンを産生する細菌、窒素を固定する細菌、菌根菌のように栄養吸収能力を高める細菌など様々なオフェンス強化候補が存在します。それ以外にも、土壌中の水に溶けない形で存在するリン酸を可溶化する細菌や、土壌中の鉱物を可溶化させる細菌も魅力的な対象です。これらの農業利用についても、今、非常に盛んに研究が行われています。

オフェンス・ディフェンスの両方において、今後も有効な微生物の発見は相次ぐことででしょう。また、どちらの場合も当然ながら遺伝子組換えを用いた微生物の高機能化が可能です。遺伝子組換え細菌を共生させて育てた野菜は、野菜そのものの遺伝子を組換えているわけではないので、遺伝子組換え作物には相当しないと見なされると思われます。これからの農業は、今まで以上に植物マイクロバイオームを活用した遺伝子組換えと切り離せないものへと推移していくことでしょう。

4-4 燃料をつくる微生物

太古の昔に死んだ微生物や動植物などの有機物のかたまりは海底や湖底に沈み、やがて泥や砂などの土砂に覆（おお）われました。それが堆積していくと、最下層の有機物は高温・高圧の環境にさらされ、時間をかけてケロジェン[*1]となり、さらに熱と圧力によって分解が進み、私たちが利用する石油や天然ガスなどの化石燃料となりました。

たとえるならば、人類の歴史の中で、化石燃料は人類に与えられた巨大ケーキのようなものだと言えるでしょう。人類がこのケーキに初めてフォークを刺したのが、19世紀の産業革命時代の始まりです。そのフォークでケーキを切り取り、口に運びました。それは人類に新たなエネルギーをもたらし、私たちの文明を飛躍的に前進させました。

時代が進むとともに、人類はそのケーキを食べる速度を上げ、ますます短時間で大きな部分を食べるようになりました。与えられたケーキがあまりに大きいので、最初は永遠に食べ続けられると錯覚していましたが、人類がこのケーキを食べるスピードは猛烈なものでした。

いよいよ、21世紀となると、当初の形は失われ、ケーキを食べ尽くすことが現実的になってきました。新たなケーキを見つけようという動きもありますが、それもいつか食べ尽くすことでしょう。やはり、自分たち自身でケーキをつくるしか、残された道はありません。また、食べた結果、空気中に放出された二酸化炭素もできる限り回収したほうがよいに決まっています。その時、最も頼りになる協力者もまた、微生物です。

ここでは、微生物がつくる代替燃料の代表例を四つ紹介します。

まず、バイオエタノールです。酵母菌や特定の細菌を使うと、デンプンや糖類からアルコール発酵によってエタノールを生産することができます（昔ながらのお酒づくりと同じ意味です）。原料として専用に栽培されたサトウキビはもちろん、農業廃棄物や食物廃棄物を用いることもできます。バイオエタノールは燃料として直接使用することができますし、他の化学製品の原料としても利用できます。

第二が、バイオディーゼルです。特定の微生物、例えば藻類や特定の菌類は、大量の脂質を生成します。これらの脂質はトリグリセリドと呼ばれ、これを変換してバイオディーゼルを製造することが可能です。

第三が、バイオメタンです。メタン生成菌に代表されるいくつかの種類の細菌は、植物性バイオマス（穀物の残りや木材など）を分解してメタンを生成します。メタンは都市ガスの主成分でもあり、用途は多岐にわたります。

第四がバイオプラスチックです。いくつかの微生物は、ポリヒドロキシアルカノエート（PHA）と呼ばれる生分解性のプラスチックを生成します。これらのバイオプラスチックは、石油ベースのプラスチックのエコフレンドリーな代替品となりえます。バイオプラスチックについては、のちほど詳しく述べます。

前記はすべて有機物でしたが、炭素を含まない水素は最もクリーンな燃料として大きな可能性を有します。それゆえ、近年、水素ガスを発生させる微生物も注目を浴びています。

例えば、紫色非硫黄細菌や一部のらん藻（シアノバクテリア）は光合成により有機物を生成する際に水素ガスを副産物として発生させます。一部の酵母やバクテリアも、糖類を発酵させることによって水素ガスを生成します。

ここに紹介した細菌については、いずれも遺伝子工学などの最新の技術を組み合わせるなどして、高効率化、高生産化を目指した研究が日々進んでいます。今のところ、ほとんどの場合において従来の化石燃料を利用するよりも高価なものになります。ただし、有限である化石燃料の価格は短いスパンでは上下するものの、長いスパンでは確実に高騰していきますので、バイオテクノロジーの発展と生産規模の拡大などによって、その立場は近づき、そう遠くない未来に逆転するかもしれません。

遺伝子組換え作物を材料に含む〝ケーキ〟を絶対に口にしないと言う人はいることでしょう。しかし、遺伝子組換え細菌が産生した燃料やその燃料を利用して産生された電気については、抵抗感なく利用されるのではないでしょうか。

注

＊1　ケロジェン：主に油母頁岩やオイルサンドなどの堆積物中に存在する褐色または黒色の有機物質。生物起源の有機物が微生物や酸素の作用を受けずに堆積し、その後熱や圧力の影響を受けて部分的に分解・重合することで形成される。熱的成熟を経ると石油や天然ガスに変わることがある。

4-5　微生物の力を利用して浄化する

海洋に廃棄されたプラスチックは、海洋生物に有害であるだけでなく、微細なプラスチック粒子が食物連鎖を通じて私たちの食事にまで影響を与える可能性があります。これが今、全世界で深刻になりつつある海洋プラスチック問題です。

人類は毎年約800万トンのプラスチックを海洋に廃棄しており、何もしなければ2050年にはその総重量は海にいる生物の総重量を超えるという試算もあります。

たとえるならば、海洋プラスチックは元気な身体を持つ子どもの虫歯に相当します。この子どもの体は地球です。子どもは外見上は元気そうに見えるかもしれませんが、口の中では全く別の事態が進行しています。痛みを伴わない虫歯がゆっくりと子どもの歯を食いつぶしているのです。いずれ大きな痛みがその子を襲うことになるでしょう。生態系や人間の健康に深刻な影響を及ぼす前に、海洋プラスチックの問題を解決する必要があります。

近年、プラスチックを分解することができる微生物に関する研究が進んでいます。

例えば、バクテリアの一種であるイデオネラ・サカイエンシスは、ペットボトルの原料であるＰＥＴ（ポリエチレンテレフタラート）というプラスチックを分解する能力があることが発見されています。なお、サカイエンシスの名前は、大阪府堺市のリサイクル工場で採取された原料から発見されたことに由来しています。

シュードモナス菌と呼ばれる細菌は家具、断熱材、様々な消費者向け製品などに使われるプラスチックであるポリウレタンを分解することがわかっています。この菌はドイツにあるゲルマニウムの鉱山で見つかりました。鉱山は非常に毒性の高い環境であり、通常は微生物の生存も困難な場所ですが、この菌はそこで生存していました。極限環境には、まだまだとんでもない能力を持つ細菌が住んでいるのかもしれません。

微生物だけではなく、蛾（ガ）の仲間にもプラスチックの分解に貢献しそうなものがいます。ハチノスツヅリガの幼虫は自然界では分解ができないと考えられていたポリエチレンというプラスチックを、同じく蛾の仲間であるゴミムシダマシの幼虫についてもポリスチレンというプラスチックを餌として利用できることが判明しています。この発見は、プラスチックの分解・リサイクルに新たな可能性を示しました。現在、研究者たちは、これらの蛾の腸内細菌を識別し、その分解メカニズムを詳細に解明することを目指しています。

人類が排出した化学物質による環境汚染はプラスチックだけではありません。石油などの油、重金属、放射性物質、窒素、リンなどもそれにあたるでしょう。これらも含めて、微生物や植物などのバイオの力を活用して浄化することを総じて「バイオレメディエーション（bioremediation）」と呼びます。

自分で汚したものを自分できれいにするのは、当たり前のことです。今後のバイオレメディエーションの発展なくして、人類が存続していく資格はないと言っても過言ではないでしょう。

4－6　バイオプラスチック開発の必然

セルロイドは、人類が初めて開発したプラスチックです。１８６９年、アメリカのジョ

物質名	種類		説明
	バイオマスプラスチック	生分解性プラスチック	
ポリカプロラクトン(PCL)		○	比較的低い融点を持ち、医療分野やブレンド材料として利用されることが多い。土壌やコンポスト、水環境など、多くの環境下での生分解性が認められている。
ポリビニルアルコール(PVA)		○	水溶性があり、洗濯用の洗剤ポーチや包装材に使用される。微生物によって生分解される。
ポリブチレンアディペートテレフタレート(PBAT)		○	熱可塑性エラストマーとして知られる合成ポリエステル。微生物によって生分解される。ゴムのような高い弾性を持ち、フィルムや包装材料として利用される。

ン・ウェスリー・ハイアットが、象牙でつくられるビリヤードボールの代替材料としてセルロイドを発明しました。その後150年で、プラスチックは私たちの日常に不可欠な存在となり、地球上はプラスチックであふれるようになりました。その理由は明白です。プラスチックは軽く、耐腐食性があり、加工しやすいなど、様々な利点があるからです。

しかし、この合成素材には大きな問題点があります。自然界には存在しないため、環境への大きな負荷が懸念される点です。特に、自然に戻

表4-6　バイオプラスチックの例

物質名	種類		説明
	バイオマスプラスチック	生分解性プラスチック	
ポリ乳酸（PLA）	○	○	トウモロコシなどのデンプンからつくられる乳酸を発酵・重合させて製造される。コンポスト環境下で数か月から数年で分解される。透明性が高く、食品容器やフィルム、3Dプリンターのフィラメントなどに利用される。
ポリヒドロキシアルカン酸（PHA）	○	○	微生物を用いて糖や脂肪酸を発酵させて製造される。海水中でも分解されるほど、生分解性が高い。包装材料、農業用フィルム、医療用品などに利用される。
ポリブチレンサクシネート（PBS）	○	○	バイオマス由来の1,4-ブタンジオールやサクシン酸を用いて製造される。耐熱性や耐油性がある。土壌中であれば生分解される。フィルムや農業用マルチ、成形品などに利用される。
バイオベースのポリエチレンテレフタレート（バイオPET）	○		PETの原料の一部を植物由来のもので置き換えたもの。従来のPETとほぼ同じ性質を持つため、ペットボトルや容器、ファイバーなどで利用される。
バイオベースのポリエチレン（バイオPE）	○		サトウキビなどから得られるエタノールを使用して製造される。従来のPEと同様の性質。包装材や農業用フィルム、容器などに利用される。

すのが難しいこと、すなわち環境に長期間残ることが問題です。

これらの問題を地球からプラスチックの原料を「借りる時」と地球に自然な形で「返す時」の問題として捉えるなら、プラスチックの使用には大きな責任が伴います。人類が今後もプラスチックの使用を考えるなら、新しい素材の開発は欠かせません。

ここで「バイオプラスチック」という言葉が浮かび上がります。これは二つのカテゴリーに分かれます。一つは「バイオマスプラスチック」で、これは「借りる時」の問題を解決する素材です。もう一つは「生分解性プラスチック」で、「返す時」の問題を解決するものです。具体的な例は表4－6に示しました。

表4－6にあるように、すでにいくつかのバイオプラスチックが存在しますが、まだ改良の余地があります。特に強度や耐久性、加工性の面での向上が必要です。今後の研究によって、より優れた性能のバイオプラスチックが生まれるでしょう。

最終的な目標は、すべてのプラスチックがＰＬＡ、ＰＨＡ、ＰＢＳのようなバイオマスプラスチックで、かつ生分解性を持つものになることです。さらに、大量生産による価格の低減も目指すべき点です。

遺伝子組換え技術はこの進展において鍵を握るツールです。例えば、ＰＨＡは天然の多くの細菌が生産するバイオプラスチックです。遺伝子組換え技術を使うと、細菌のＰＨＡ生成能力を高めたり、細菌自体の自己増殖力を向上させたりすることができます。

また、遺伝子組換えを活用することで、新たな特性を持つバイオプラスチックも開発できるでしょう。これからの未来、私たちはありとあらゆる手を駆使して、この分野の研究と開発を進めていくことになるはずです。

4-7　池の水を抜く必要のない「メタバーコーディング技術」

この章の最後は、環境科学における分子生物学の貢献について紹介します。身のまわりの環境がどのような状態であるのかを知るためには、どのような生物が生息しているかを調べることが参考になります。これは環境科学において、対象となる環境を評価する上での基本的な手法でもあります。しかし、観察によってそれを把握することは大変な労力を要するため、何らかの別の手段が求められます。

例えば、池の水をすべて抜けば、その池の中にどのような生物がいるかを知ることができます。これはテレビなどでも人気の企画ですね。ただし、池の中の生物を特定することだけが目的ならば、そこまで大がかりな方法を選択する必要はありません。池の水を1リットル程度採取し、そこに含まれるＤＮＡ分子を利用して、「メタバーコーディング技術」により、どのような生物が存在するのかを推定することができます。

対象が水である必要はなく、動物の糞やペリット[*1]から抽出したＤＮＡでも、その動物がどのような生物を摂取しているのかがわかります。また、樹液からのＤＮＡを分析することで、樹液に集まる昆虫の種類が明らかになります。

このように、メタバーコーディング技術は環境科学における生態系の生物多様性研究の強力なツールとして活用されています。微量のＤＮＡを増幅し、次世代シーケンス技術で読み取り、既存の遺伝子データベースと照らし合わせてサンプル中の生物種を特定するという手法です。

この方法は、従来の形態学的識別が難しい、または不可能な場合に特に価値があります。さらに、目で見ることができない微小生物も分析可能な対象です。

メタバーコーディング技術の登場によって、環境科学は大きな変革期を迎えようとしています。例えば、生物多様性のモニタリングに対する労力は大幅に減るでしょう。フィールドで長時間をかけて観察することと、一杯の水を汲んで実験室に持ち帰ることでは、労力の違いを比べるまでもありません。

こうして多くのデータを時系列に沿って揃えられれば、生態系の健康評価にも有効です。種間の相対的な豊富さの変化は、生態系の健康状態の変化を示すことがあります。メタバーコーディング技術を用いることで、これらの変化を素早く検出することが可能となり、環境への脅威に対して、より迅速な対応ができそうです。

世界中のすべての生物種が対象なので、外来種の検出も可能です。外来種を早期に特定することで、これらの外来種が生態系に与える潜在的な影響を軽減することもできるでしょう。

気候変動研究にも一役買うことが期待されます。気候変動に関連した生物種の分布と多様性の変化を長期的にモニタリングすれば、生態系が地球温暖化にどのように適応しているかについても、研究者に多くの情報を提供できるからです。

注

＊1　ペリット：鳥類などが、胃の内容物のうち消化が難しいものを吐き出したもの。

第5章 遺伝子組換えの未来

5－1　遺伝子組換え作物（ＧＭＯ）の歴史

これまでの章の中で、皆さんの未来は遺伝子組換えとは切り離せないことを実感していただけたのではないかと思います。本章では、遺伝子組換えに焦点をおき、さらに掘り下げた説明を行っていきます。

遺伝子組換え作物ことＧＭＯ（genetically modified organism）の歴史は20世紀後半に本格的に始まりました。ＤＮＡの塩基配列を操作する技術が洗練されるにつれ、科学者たちは害虫抵抗性や栄養価などの特性を強化するために植物の遺伝子を操作し始めました。以下にその代表的な例を挙げてみます。

その皮切りとなったのは、１９９４年に登場したフレーバーセイバートマトです。これはアメリカの食品医薬品局（ＦＤＡ）によって商用販売が許可された最初のＧＭＯです。カリフォルニアの会社カルジーンの科学者たちは、遺伝子操作によって、ポリガラクチュラーゼという酵素の発現を抑制しました。この酵素は通常、細胞壁中のペクチンを分解し、果実の軟化を引き起こします。この酵素の発現を抑制したことで、フレーバーセイバートマトは、輸送前につるで熟成させることが可能となり、収穫後の販売期間が長くなりました。

1995年から1996年にかけては、BT作物が登場します。バチルス・チューリンゲンシス（第4章でも登場したBT細菌です）という細菌は昆虫に対する毒性物質を有します。これを産生するように遺伝子改変された作物のグループのことをBT作物と呼びます。最初のBT作物は、綿花とトウモロコシにおいて、モンサント社（2018年まで存在したアメリカの多国籍のバイオ化学企業）によって導入されました。これらの作物は害虫抵抗性が強化されており、作物の収量を高め、化学農薬への依存を減らすことができます。

1996年に同じくモンサント社によって導入されたラウンドアップレディ作物は農業界にかなりの衝撃を与えました。モンサント社がラウンドアップという商品名で販売していた除草剤には、グリホサートという化学物質が主成分として含まれていました。ラウンドアップレディ作物はグリホサートに対して耐性を持つ（グリホサートをかけられても枯れない）作物のことであり、まず大豆において作成されました。この特性は続けてトウモロコシ、セイヨウアブラナ（カノーラ）、綿花などの他の作物にも適用されました。

2000年に登場したゴールデンライスは、食用部分でビタミンAの前駆体であるβ－

カロテンを生産するように遺伝子改変された種類の米です。これは、米が主食である一部の国でのビタミンA不足、それが引き起こす重大な公衆衛生上の問題（視覚障害や免疫機能の低下など）に対処するためにつくられました。

以上は20世紀に登場したGMOの代表例ですが、21世紀になっても、様々な組換え作物が誕生しました。例えば、２０１７年11月から米国のスーパーでも販売が開始されたアークティックリンゴは象徴的です。このリンゴは、リンゴが切られたり打撲傷ができたりした時に起こる黒ずみを引き起こす酵素であるポリフェノールオキシダーゼ（ＰＰＯ）の量が減少しているため、切ったあと、時間がたっても茶色く変色しません。

ただし、これらはいずれもクリスパーキャス技術を利用せずに開発された作物であることをここで強調しておきたいと思います。

5-2　なぜGMOは敬遠されるのか

高等学校の理科の教員を目指す学生を対象とした面接官をした時の話です。遺伝子組換え作物を用いた料理を口にするかどうか、またそのように判断した理由を述べてください、と聞いたことがあります。

ほぼすべての学生が「口にしない」と回答し、彼らの理由のほとんどが「身体によくないという話を耳にしたから」「危なそうだから」程度の回答でした。意義深い議論ができると期待していただけに、ずいぶん拍子抜けした覚えがあります。そのような背景もあり、本項のタイトル「なぜＧＭＯは敬遠されるのか」について、思うところを紹介します。それは、どのようなＧＭＯが望まれるのかを考えるヒントになるでしょう。

ＧＭＯを含む食品は、おそらく以下のような複合的な理由で敬遠しようという風潮が生まれたと考えられます。まず第一は、健康への懸念点が払拭されていないことです。ＧＭＯを含む食品に限らず、新しい食品の人の健康に与える影響について、１００％の安全性を証明することは簡単なことではありません。特に長期的な影響については、十分な科学的証拠を揃えようがありません。アレルギー反応を引き起こす可能性をゼロと言い切ることも不可能です。

環境への影響を指摘する人もいます。畑で栽培されるＧＭＯを鳥や昆虫が食べ、種子をほかの場所に運ぶことや、風にのって花粉が飛んでいくことも可能性としてあります。これまで自然界に存在しなかった遺伝子が自然界の生物に伝播することによって、自然界の生態系に影響を与える可能性は否定できないという考え方です。ＧＭＯを含む食品が世の中で一般的になったとすれば、そのような機会を増やすことになります。

そこまで複雑なことを考えずとも、シンプルに「自然のまま」の食品を選択することを多くの消費者は好みます。ＧＭＯはもちろん、「自然のまま」には相当しません。

モンサント社をはじめとするＧＭＯを取り扱う大企業への世の中の不信感も根強くあります。２００８年にフランスで放映されたドキュメンタリー映画『モンサントの不自然な食べもの』はそれを象徴するものでした（日本では２０１２年に公開）。

実際、ＧＭＯの開発と販売を行う大企業は、独占的な市場構造をつくり出すことがあるという指摘があります。従来の在来種や地域の伝統的な品種の多様性も失われてしまいます。そもそも、農家が特定の企業に支配されるような構造は不健全でしょう。

ラベリングの問題も重要です。日本ではＧＭＯやＧＭＯ由来の食品の承認には、厚生労働省や農林水産省を含む複数の関連機関が協力した厳格な安全性評価が必要とされます。食品の表示に関する法律も存在し、ＧＭＯ由来の原材料を使用した食品には、原材料名の近くに「遺伝子組換え」という表示が義務付けられています。

一方で、GMO食品に対する明確なラベリングが義務付けられていない国もあります。消費者にできる抵抗は、目の前に届きそうなGMOをとにかく否定し続けることになるのかもしれません。

さらに、メディアによってGMOに対する否定的なイメージが広められていることも、敬遠される理由の一つと言えます。一部の報道や情報は、GMOのリスクや懸念を強調する傾向があるため、これらの情報に接することで不安を抱くわけです。

要するに、GMOを含む食品を敬遠する風潮は、安全性や環境への影響、企業支配に対する抵抗、選択肢が限定されることへの拒否感など、様々な懸念によって醸成されています。個人の意識や情報へのアクセスの違いにより、遺伝子組換え作物に対する見解は多様ですが、概ね世の中にあるGMOを敬遠する姿勢はこのように生じていると思われます。

5-3 クリスパーキャス技術登場の衝撃

クリスパーキャス技術が発表された2012年よりも前から、人類は遺伝子組換え技術を利用して、人類の手によってデザインされた生物をつくり出していたことは先述しました。それでは、クリスパーキャス技術の登場によって、遺伝子組換え技術の分野にどれくらいの衝撃が生じたのでしょうか。

クリスパーキャス技術を用いる大きなアドバンテージは、目的の塩基配列を編集するために、従来の技術と比較してはるかに正確に（目的外の塩基配列の変化を加えることなく）、かつ時間をかけずに作業を行えるようになった点です。この変化を自動車にたとえると、マニュアル車からオートマ車を飛び越して自動運転車に乗り換えたようなものです。自動車業界でも自動運転技術は日々進歩しているように、クリスパーキャス技術においても正確性と効率性は改良が加えられ続けています。

自動運転機能が搭載された乗用車に乗り換えるとすれば、ウン百万円、いやそれ以上を支払うことを覚悟しなければなりません。もし、それがママチャリを買うような値段で手に入るとしたら、どう思われるでしょうか。クリスパーキャス技術を用いるコストは従来よりもはるかに安価であり、科学者が受けた衝撃はそれくらいのものであったとイメージしていただければよいと思います。

従来の遺伝子組換え技術では、ＤＮＡ上のどの塩基配列を狙うのかについて非常に悩ましい作業が存在しました。目的に沿った一定の条件を満たした配列を探すのは、専門性と地道な作業が必要でした。

一方、クリスパーキャス技術の場合は、条件を満たす配列の自由度が極めて高く、その配列を見つけるだけなら中学生以上の学習レベルがあれば（アルファベットが理解でき、基本的な算数能力があれば）、誰でもすぐに習得できます。ある意味、自動車を運転するために、免許証が必要なくなったようなものです。

クリスパーキャス技術の中で利用される反応系において登場する役者はたった二つ。ガイドＲＮＡとＣａｓ９という酵素です（第３章の図３－３を参照）。ＤＮＡ上のどの場所で反応を生じさせるのかを決める地図のような役割を果たすのがガイドＲＮＡです。ガイドＲＮＡの導きによって、Ｃａｓ９は仕事をするべきＤＮＡ配列に到着します。

Ｃａｓ９の仕事は「ハサミ」のようなもので、到着した地点でＤＮＡ配列を切断します。自動車好きには、個性を求めて、カスタマイズする人が多くいらっしゃると思います。クリスパーキャス技術の面白いところは、必要となる役者がたった二つと極めてシンプルであるがゆえに、様々なカスタマイズができる点です。

そもそも、クリスパーキャス技術はＤＮＡを切断するだけなので、それだけでは遺伝子組換えではありません。しかし、２か所を切断し、その間にＤＮＡ配列を挿入することで遺伝子組換えに用いられます。遺伝子組換え自体がクリスパーキャス技術をカスタマイズした手法であると言えるのです。そのほかにどのようなカスタマイズが可能かについては次項にて説明しましょう。

5-4　Cas9のカスタマイズ

繰り返しとなりますが、Ｃａｓ９は一つの分子の中に「ガイドＲＮＡが示すＤＮＡ配列に着地する働き」と「着地したＤＮＡ配列を切断する働き」を併せ持っています。野球でたとえるならば前者は「バッターボックスに立つこと」、後者は「ヒットを狙うこと」にあたります。もし、後者の働きがなければ、バッターボックスにただ立っているだけです。

同じことをＣａｓ９において実現することができます。「着地したＤＮＡ配列を切断する働き」を人為的に取り除いたＣａｓ９をｄＣａｓ９（dead Cas9：死んだＣａｓ９）と呼びます。ｄＣａｓ９の特性は、ガイドＲＮＡが導くＤＮＡ配列に結合して、そこに留まることです。バットを持たずにバッターボックスに立っているようなものですね。

バッターボックスに立つ打者にはバント、バスター、カット（わざとファールにすること）、打つように見せかけて見送ること、などほかにもできることがあります。つまり、ｄＣａｓ９に別の働きを結合してやれば、目的のＤＮＡ配列のあたりで本来のＣａｓ９とは違う役割を演じるようになるわけです。

例えば、ＤＮＡの塩基配列を変更する酵素活性がｄＣａｓ９に加えられたものがあります。その場合、ガイドＲＮＡが導くＤＮＡ領域において、特定の塩基を別の塩基に置き換える反応が実現するようになります。これは、１塩基だけの突然変異を加えたい場合に有効です（図5－4）。

また、ガイドＲＮＡが導く先を遺伝子のスイッチ領域となるプロモーター領域に指定した上で、ｄＣａｓ９に転写を活性化させる能力、もしくは転写を抑制する能力を追加した場合にはどうなるでしょうか。

当然、前者では目的の遺伝子の転写が効率よく行われ、後者ではそれが抑制されること

図5-4　改変されたCas9を用いたクリスパーキャス技術

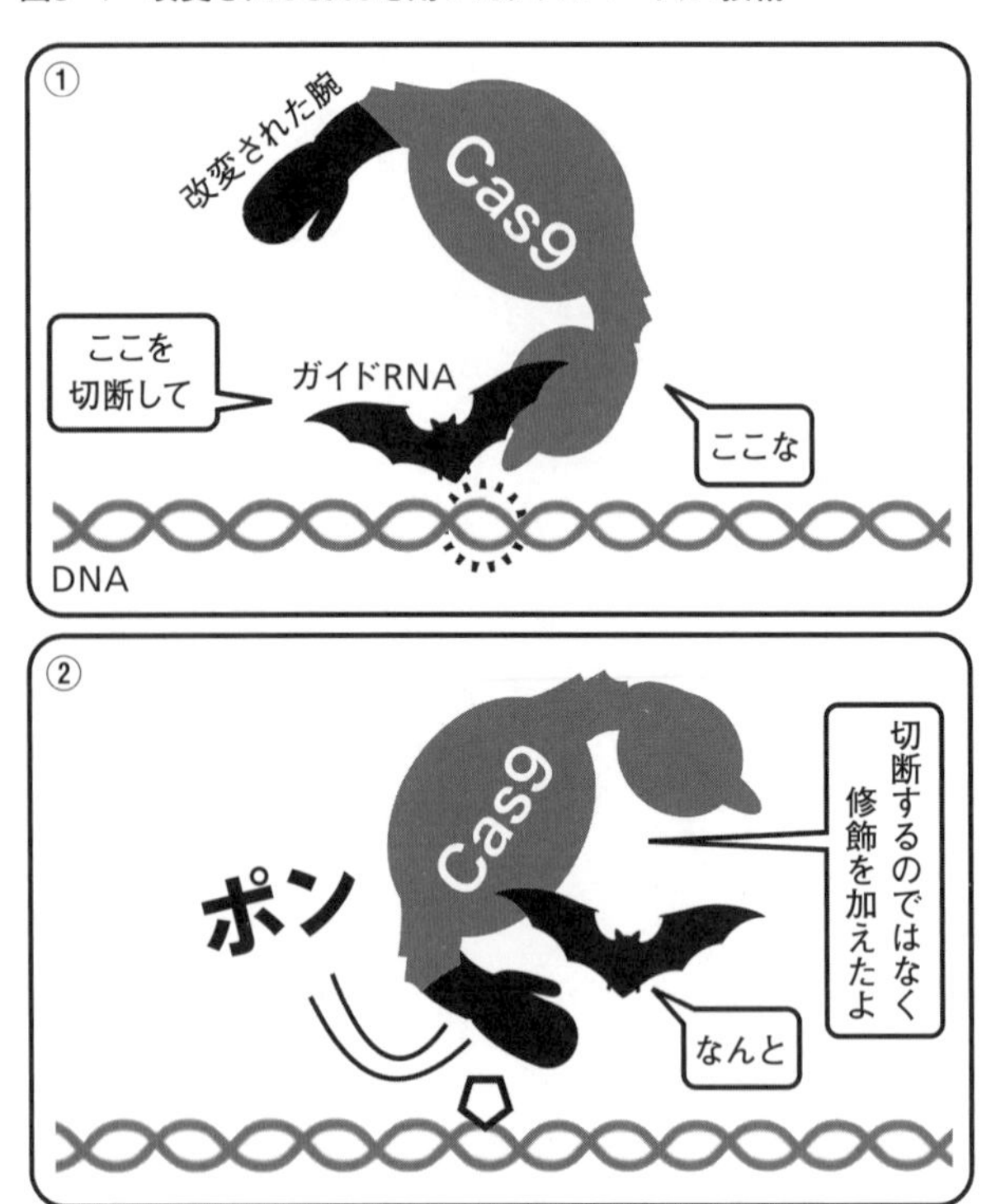

Cas9は本来はDNAを切断する酵素であるが、切断する腕を取り除いたdCas9(図中のCas9の灰色部分)に別の酵素(図中のCas9の黒色部分)を結合させると、DNA上に異なる反応を引き起こすことができる。この場合は、修飾を加えることで、塩基配列の置換を導く。第3章の図3-3も参照。

になります。それぞれ、クリスパーａ（ａは活性化するという意味の単語 activation に由来）、クリスパーｉ（ｉは抑制するという意味の interference に由来）と呼ばれる技術です。

さらに、ｄＣａｓ９とＧＦＰなどの蛍光タンパク質を融合させ、特定のＤＮＡ領域に結合し、そのＤＮＡ領域を照らすシステムもあります。これにより、研究者は特定のＤＮＡ配列の動きをリアルタイムで視覚的に追跡することができるようになりました。試料の中に微量に含まれるＤＮＡを検出する際にも用いることが可能になります。コロナウイルス感染の有無を調べる際に行われるＰＣＲ検査も、この手法を応用すれば一瞬で完了する可能性もあります。また、様々な病気の早期診断にも有効な手法になるでしょう。

Ｃａｓ９に代打を送ることも可能です。Ｃａｓには別の番号を持つ、親戚にあたる分子が存在します。それらの親戚分子を用いることで、別の働きが期待されるのです。例えば、Ｃａｓ13はＤＮＡではなくＲＮＡを標的とします。つまり、目的の配列を持つＲＮＡだけを切断可能です。また、Ｃａｓ３はＤＮＡを切断したあと、さらにヘリカーゼ[*1]として働き、切断面から二重らせん構造をほどいていきます。その結果、切断した領域から数千塩基対のＤＮＡ配列を消去することができるのです。数千塩基対ものＤＮＡが失われたとすれば、その近くの領域は役に立たないようになります。つまり、人為的に目的の遺伝子を破壊する上で有効であると言えます。
このようにクリスパーキャス技術のＣａｓ９に注目するだけでも、様々な改変が短い時間で産み出されています。今後も、あっと驚くような発明が登場する可能性が高いことでしょう。

注
＊１　ヘリカーゼ：生物の細胞内でＤＮＡやＲＮＡの二重らせん構造をほどく酵素の一種。その結果、ＤＮＡ複製やＲＮＡの転写など、遺伝情報の処理に関わる多くの生物学的プロセスが可能になる。

5－5　小話「フレディとジル」

クリスパーキャス技術によって導かれる未来像として、２０３０年代を想定した架空の物語「フレディとジル」を紹介します。いろいろな未来の可能性をつらつらと説明するよりも（次項で行いますが）、一つのストーリーをまずは紹介したほうが実感が湧くのではないかと思います。箸休め感覚でご一読ください。

フレディは一般家庭で育つ、理科が大好きなとても頭の良い中学生の男の子。ある日、家で飼育していた愛犬のジルが、病気になります。全身の筋肉が徐々に弱っていく症状であり、獣医もお手上げの状況でした。

フレディはイヌのゲノムに問題があるのではないかと思い、インターネットで見つけた全ゲノム解析をしてくれる会社にジルの毛根のついた毛を送り、すべての遺伝子の配列のデータを得ました。費用は3か月分のおこづかいに相当する額でした。これは貯金から支払いました。

フレディは、遺伝子データベースの使い方や解析のための方法をオンライン上の学習ツールを利用して必死で勉強しました。そして、正常なイヌのゲノムと比較して、ジルの場合に問題になりそうな遺伝子配列を、オンラインで提供されているＡＩの力も借りながら突き止めたのです。

全身にある筋肉細胞において、どの遺伝子配列がどのように変化すればジルの病気が治る可能性があるかを推測したフレディは、クリスパーキャス技術を使うことにしました。

クリスパーキャス技術については、すでに医療応用されている効果的な遺伝子発現システムがあることもオンラインで学んでいました。ジルの病気の原因となる遺伝子配列を導くガイドＲＮＡと、その領域において必要な塩基置換を引き起こすＣａｓを細胞内で同時に発現することができるＤＮＡの配列も、ＡＩに作成させました。

そして、満を持して約2万塩基対からなる環状ＤＮＡの合成を専門の業者にオンライン上で委託しました。その費用はまたしてもおこづかい3か月分。中学生にとって相当な出費です。フレディがデザインしたＤＮＡは注文した2日後に家に届きました。

しかし、ここで問題が生じました。フレディがデザインしたＤＮＡをどのようにしてジルの筋肉細胞で使えるようにするかです。そこで、ボディビルダーが秘密で使っているという噂のドラッグＭＵＳに注目しました。ＭＵＳは経口摂取すれば筋繊維の発達を促す物質を筋肉細胞にのみ運ぶ性質を有します。

フレディはＭＵＳが脂質二重膜からなる袋状の構造を有していることに着目し、ＭＵＳと自身で作成したＤＮＡを混ぜ合わせて、一度高温にさらしてから冷やせば、ＭＵＳの袋の中にフレディがデザインしたＤＮＡが取り込まれるのではないかと考えました。

そのようにしてつくられた改良型MUSを水に混ぜて、ジルに与えました。ジルはフレディの情熱を感じたのか、力をふりしぼって、その水を飲みました。翌日も。翌々日も。なお、MUSはおこづかい1年分もするため、近所に住むボディビルダーのお兄さんから少しだけ分けてもらいました。

数か月後。なんとジルは再び歩けるようになりました。そう、フレディがDIYバイオでつくった薬がジルを救ったのです。高校生になったフレディは夏休みにジルとともにキャンプにも行くことができました。その後、フレディがどのような成人に成長したのかはご想像におまかせします。少なくとも、フレディがつくった薬のことは世界中の誰も知ることがないまま終わりました。

5-6 遺伝子組換え技術が導く近未来

先の小話を読んで、クリスパーキャス技術やそれに付随して生まれるであろう先進的な遺伝子改変技術が将来、私たちの生活に及ぼす影響が幅広く甚大なものになることを感じていただけたのではないでしょうか。

環境	環境センサー	遺伝子組換え生物を利用して、環境中の特定の物質や変化を検出するセンサーが開発される。目的のDNA配列に標識をつける改変型Cas9を用いて、環境中から抽出したDNAに対して、その場でただちに目的の生物種が生息しているかどうかを明らかにすることも可能になる。 関連:3-3、4-7、5-4
	環境に優しい素材開発	遺伝子組換えの微生物や植物を使用して、新しいタイプのバイオプラスチックや他のマテリアルが生産される。 関連:4-6
産業	生物燃料	遺伝子を組換えた微生物を使用して、効率的にバイオ燃料が生産されるようになる。 関連:4-4
	農業	病害虫に強く、乾燥や高温などの厳しい環境下でも収穫が得られるような特性を持つ作物が次々とつくられる。 関連:4-3、5-1
	食糧生産	栄養価の高い作物や家畜が生産され、食糧難の解決や健康問題の解決にも一役買う。 関連:5-7
寿命		老化に関与する遺伝子をターゲットとして、寿命または健康寿命を延ばせるようになる。 関連:3-4
バイオハッキングと人間強化		人間そのものの能力を強化するために、遺伝子改変が利用される可能性がある。身体能力の変化から記憶力の増強、認知強化なども含まれる。これはもちろんヒト以外の生物にも適用できる。 関連:3-3、7-2、7-3
生物兵器		残念ながら、遺伝子組換え技術が生物兵器の開発に利用される恐れがある。基本的に上記の悪用と言える。 関連:3-7

※関連の横に書かれた数字は、本書の項番号を指す。

表5-6　遺伝子組換え技術によって大きな変革が予想される分野

対　象		内容（関連の数字は本著の章と項を表す）
医療	先天的な病気の治療	特に遺伝性疾患の治療と予防に対して巨大な可能性を持つことになる。ヒトの細胞内のDNA配列を正確に編集することで、遺伝子の欠陥を修正できるようになる。 関連：3-2、3-3、6-1
	臓器・組織の再生	患者自身の細胞を取得し、遺伝子組換えを行って、特定の臓器や組織の治療に必要な細胞がつくられるようになる。例えば、筋肉細胞、神経細胞、すい臓の細胞など。 関連：3-1、6-1、6-2
	臓器移植	遺伝子組換え動物、特にブタなどからの臓器移植の際、人間の免疫応答を減少させるための遺伝子改変が研究されている。これにより、移植待ちの患者の問題が軽減される。 関連：6-2
	早期診断	遺伝子組換え技術を用いて開発されたバイオセンサーや診断キットにより、病気の早期発見や進行のモニタリングが容易になる。 関連：3-3、5-4
創薬	新薬の開発	特定のタンパク質や酵素を適宜改良し、かつ大量に生産できるようになる。RNAを用いた創薬が大きく拡大される。病因となっている細胞を正確に標的とできるようになったり、AIを活用した大規模な新薬スクリーニングによって候補が見つかった場合、それらの効果的な利用や生産のためにも遺伝子組換え技術が適用される。 関連：6-3、6-4、6-5、6-6、6-7
	ワクチンの開発	新しい種類のワクチンや治療法が開発されていく。特に急速に変異するウイルスに対する効果的なワクチンの開発が期待される。ナノボディも活用されていく。 関連：3-5、3-6
環境	環境汚染対策	汚染物質や二酸化炭素を効率よく消費する専用のバクテリアなども設計される。海洋プラスチックを含めた汚染物質を分解する遺伝子を持つ微生物を強化して、効果的な環境浄化ができるようになる。 関連：4-5

ここでは、特に大きな変革が訪れる可能性のある分野・領域とそれがどのようなものになるのかを補足したいと思います。文章にすると長くなってしまいますので、表5－6にまとめました。

表5－6の下の三つ「寿命」「バイオハッキングと人間強化」「生物兵器」は、今の段階で未来に暗い影を落としています。特に後者二つが持つ負の側面は容易に想像できることでしょう。

「寿命」を伸ばせるのであれば、いいこと尽くしだと思われるかもしれません。しかし、それも食糧難に直結します。特定の資産家だけがその恩恵を享受することや、芸能人やスポーツ選手が現役寿命を延長させるために若さドーピングを用いることの是非など、考えなければならない問題だらけです。

また、表5－6に示されるすべてのケースにおいて、安全性だけでなく、倫理的な課題や社会的な問題が含まれています。ヒトの生殖系への不可逆的変更（つまり、次世代に影響する変更）の意味、遺伝子編集の副作用、新しい病気や生物兵器のリスクなど、様々な重要な問題が存在します。

科学技術の進歩を担う科学者と同時に、技術の恩恵とリスクを適切に評価できる専門家の育成が求められます。先進技術からの利益は公平に分配されるべきで、その利用に関する厳格な規制と、社会全体の議論が必要です。

5-7 細胞培養食品――遺伝子組換えの応用と未来への展望

一方で、食糧問題の解決に遺伝子組換えが一役買う可能性があります。

人類は最後の氷河期が終わった約1万2000年前から農耕を開始しました。それ以来、私たちは大地に種をまき、穀物や野菜を育て、食べることで生活を営んできました。近年では、大地ではなく建物の中で、人工光と調整された栄養液などを用いて、農薬を使わずに高品質な野菜を大量に栽培する植物工場も現れています。

これと同じような方法が肉についても用いられ始めています。これが、「培養肉（またはラボ肉、細胞ベースの肉、試験管肉）」と呼ばれる肉をつくる技術です。培養肉は、細胞レベルで動物の肉を人工的に生成するもので、農場で育てた動物を殺すことなく肉を供給する新たな方法です。これは、環境負荷の軽減、動物福祉の向上、食糧問題の解決など、様々な問題に対する一つの解答となりえます。

植物のタネと同様に、肉のタネと呼べるものがあります。いくつか種類がありますが、通常は私たちが食べる肉の主成分である筋肉細胞が使用されます。多種多様な細胞に発展する能力を持つ幹細胞が使用されることもあります。

採取した細胞は、栄養豊富な培養液（アミノ酸、糖、塩、成長因子を含んだもの）の中に置かれます。この溶液は動物の体内の自然な環境を模倣し、細胞の成長と増殖を促進します。この条件下で細胞は分裂し、増殖していきます。この過程は通常、バイオリアクター（図5-7）の中で行われます。

このように、培養肉の製造にはタネとなる細胞が用いられるため、遺伝子組換え技術との相性が非常によいと言えます。具体的には、特定の遺伝子を細胞に導入することで、質感、風味、栄養価などの観点からも高品質な培養肉の製造が可能です。

また、細胞の増殖力を強化し、生産効率を向上させることもできます。つまり、遺伝子組換え技術を活用すれば、品質の一貫性を確保することでブランド化につなげつつ、大量生産も行えるのです。これは食糧安全保障の観点からも非常に重要な意味を持ちます。遺

図5-7　培養肉に用いられる細胞が育てられるバイオリアクター

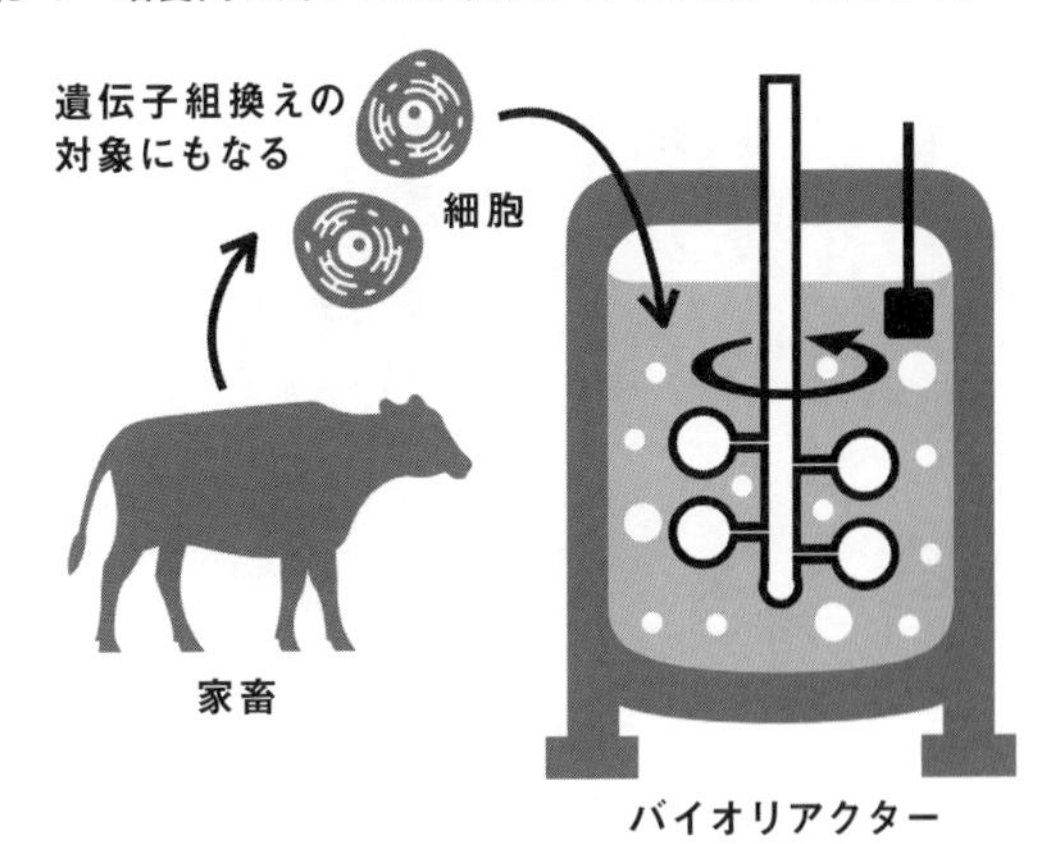

牛などの家畜から得られた筋肉細胞や幹細胞は、温度、pH、酸素濃度、二酸化炭素濃度、栄養濃度が厳密に管理された容器であるバイオリアクターの中で培養される。

伝子組換えによる品種改良と品質保証が進むことで、培養肉は消費者により広く受け入れられ、市場における重要な存在に成長することが期待されます。

バイオリアクターの中で細胞が十分に増殖したら、これらの細胞を、肉を構成することに特化した細胞、例えば筋肉細胞、脂肪細胞、結合組織細胞に分化させせます。これは通常、培養液の組成を変更することで可能になります。分化した細胞はその後、構造化された肉（私たちが肉として認識できる塊）を形成するために組み合わされます。

ここが培養肉生産の最大の課題の一つで、肉の複雑な三次元構造をつくり出すために、様々な工夫が行われています。組織が十分に成長したら、収穫され、通常の肉と同じように加工され、調理に用いられます。

培養肉生産のその他の課題としては、コストを削減し、プロセスを商業レベルまでスケールアップすることです。さらに、サーロインや鶏むね肉のような製品をつくることは、ミンチ肉相当品を生産するのに比べてより複雑であり、高度な組織工学技術の開発が必要とされます。しかしそれらも、近未来には解決する日がくるでしょう。

ヴィーガン（卵や乳製品を含む動物性食品を一切口にしない完全菜食主義者）の中には、動物愛護の観点からそのような立場を選択されている方々もいます。そのような方々にとっても、この培養肉は一つの選択肢となるかもしれません。逆に、本物の肉しか食べない、培養肉など絶対に食べないという人も出てくることでしょう。

『いのちの食べかた』というドイツ・オーストリアで製作され、日本では2007年に公開されたドキュメンタリー映画では、食肉処理場の実態が描かれています。それを見たあとであれば、本物の肉しか食べないという主張は難しくなるかもしれません。

第6章　創薬や治療法の未来

6-1 移植技術としての「細胞療法」

医学における考え方や研究の多くは、生物学由来です。例えば、解剖学や生理学は、私たちの体の形や働きを調べる学問ですが、これは生物学の考え方を基礎にしています。また、病気の原因を調べる際には、細胞、分子、遺伝子の動きを、遺伝学や分子生物学の知見を用いて調べることになります。

新しい薬をつくる時や病気の治療法を考える時も、生物のしくみを理解することがとても大切です。それゆえ、医学は生物学の一部と言う人がいます。確かに、それも一理ありますが、医学にはほかに心理学や社会学、倫理学などの考え方も関わってくるので、少し早計な考え方になるでしょう。

しかし、生物学が今後の医学に与える影響はとても大きいものになると考えるのは間違いではありません。この章では、薬の開発や病気の治療法に生物学がどれほど関わっているのかを中心に説明していきます。

まずは移植の話です。人類の移植手術の歴史は非常に古くまでさかのぼることができます。紀元前にはインドの医師スシュルタが顔面の外傷患者の治療の一環として、鼻への皮膚移植を行ったという記録があります。西洋医学に基づいた移植手術の黎明期は19世紀から20世紀初頭と考えられ、当時は拒絶反応という概念はまだ一般的ではなく、適切な抗生物質も存在しなかったため、多くの移植手術が失敗に終わりました。

再現性の高い成功例が出始めたのは１９５０年代であり、１９７０年代にシクロスポリンという免疫抑制剤が用いられるようになってから、移植の成功率は大幅に上がりました。その後、物理的にも化学的にも技術は洗練されていき、現在に至ります。

これからの時代の移植において、「細胞療法（セル・セラピー）」は、有力なツールの一つとなります。これは、患者の体内に健康な細胞を導入することで疾患を治療または予防する医療分野です。

この療法は損傷した細胞を修復したり、病気の進行を遅らせたり、症状を軽減したりするために使用されます。従来の移植手術と比較して、患者の体へのダメージが圧倒的に少ないことはもちろん、この先の未来では、遺伝子組換え技術を用いた遺伝子操作など、様々な追加操作ができることも大きな魅力と言えます。次に、細胞療法の主要な例とそれらの潜在的な応用をいくつか示します。

まず、「幹細胞療法」が挙げられます。第3章でも紹介した通り、幹細胞には、体内のほぼすべての細胞のタイプに成長する能力を持つES細胞や、人工的にES細胞と同様の能力を獲得したiPS細胞、ヒト臍帯（ヘソの緒）を由来とする多能性細胞であるUC-MSC（臍帯間葉系幹細胞）などのほかに、それぞれの組織や臓器に特化した幹細胞などが存在します。

臨床応用の際には、これらを用途によって使い分けます。細胞の損傷や喪失によって引き起こされる疾患や障害において、それに適合した幹細胞を移植するのが幹細胞療法です。昨今では、特に骨、脂肪、筋肉、肺、骨髄などの成体組織から取得できる間葉系幹細胞を用いた療法が期待されています。

次に挙げられるのが「免疫細胞療法」です。これは、人体に備わる防御システム、すなわち免疫システムを利用するタイプの細胞療法です。免疫細胞（特に免疫系の総司令官的役割を持つT細胞）は、実験室内で病気の種類に合わせた形に人為的に調整し、がんなどの特定の疾患に対する攻撃能力を高めることができます。CAR-T（カー・ティー）細胞療法は、このアプローチの一例で、T細胞が特定のがん細胞を認識して攻撃するようにデザインされています。

これらの細胞療法は、多くの難治性疾患や障害、特に幹細胞や免疫細胞が関与するものに対する治療法として確立されていくことが期待されています。例えば、多発性硬化症、パーキンソン病、脳卒中、糖尿病、がんなどの疾患は、細胞療法の発展によって、治療の道が大きく開かれることでしょう。

6-2 「人工臓器」――ブタの中で臓器をつくる可能性

臓器移植は移植手術の象徴的なものと言えます。他の人の体から切り取った臓器を移植する場合に比べて、人工的に準備された臓器（人工臓器）はそういった犠牲を伴いません。再生医療の分野において、人工臓器は最も発展が望まれる技術の一つです。

人工臓器は細胞の集合体からなる「生物型人工臓器」と、いわゆる機械として機能する「機械型人工臓器」に分けられます。今後、両者が融合したハイブリッド型人工臓器なども開発される可能性がありますが、その場合も土台となる生物型人工臓器が大きく発展することが期待されています。

臓器移植をする際の最大の懸念点は、移植片に対して身体が引き起こす拒絶反応です。身体に備わった免疫系は移植片が自己なのか非自己なのかを厳密に見定め、非自己であると判断した場合には攻撃をしかけます（1－9参照）。こうなっては、人工臓器は根付きません。

免疫系に非自己と認識されないために免疫抑制剤が用いられますが、本来の外敵に対する免疫力が落ちますし、様々な副作用も生じます。これからの人工臓器は免疫抑制剤フリーで使えるものが望ましいでしょう。そのため、患者自身の細胞からつくられた人工臓器が理想的なものと言えます。

ただし、一度何かの役割を持った細胞の運命を初期化して、特定の臓器に分化させるためには非常に時間がかかるところが難点です。それを解決するのは3Dプリント技術かもしれません。本来は成長しながら細胞が一定の法則性をもって並んでいくのを待つしかありませんが、それを3Dバイオプリンターを使って人工的に並べていくわけです。これが実現されれば、特定の患者の体型、病状、遺伝的条件などに合わせて最適化された臓器を迅速に提供できることになります。

近年、ブタの臓器を移植する研究も盛んに行われています。ブタは非常に成長の早い動物です。一般的な食用ブタでは生後すぐの体重が1・5kg程度であるにもかかわらず、半年後には100kgを大きく超えるサイズにまで成長します。また、ブタの心臓や腎臓をヒトに移植した場合に、いずれも1か月以上、ヒトの体内で正常に機能していたという報告があります。

ブタの臓器をそのまま移植するのではなく、ブタの体内でヒトの細胞からなる臓器をつくるという研究もあります。具体的には、ブタの胚に人間の細胞を導入してキメラ個体となる成体をつくり、そこから臓器を摘出するというアイデアです。

これが実現すれば、極めて短時間で目的の臓器を準備することが可能になります。その一方、このようなアプローチは倫理的な問題を引き起こす可能性があります。例えば、人間の細胞がブタの脳にも混ざる可能性があり、そうなるとそのブタは何らかの形で「人間的」な認識を持つかもしれないと考えられます。だとしたら、そのブタを殺してもよいのか。

この問題に対する明確な回答はまだありませんが、こうした倫理的問題は、研究が進むにつれて評価と対応が必要となるでしょう。

6-3 自然界に特効薬は転がっている!?

2015年のノーベル生理学・医学賞は、私たちの身近なところに病気の特効薬が転がっていることを象徴するものでした。受賞者となった大村智(さとし)博士は、静岡県のゴルフ場の土壌に生息する新種の放線菌からイベルメクチンという抗寄生虫薬を発見しました。アベルメクチンは化学的改良が加えられイベルメクチンという名称の薬となり、世界中の多くの人々の命を救いました。

同じくその年の受賞者となった中国人女性の屠呦呦(トウ・ヨウヨウ)博士は古くから漢方薬として利用されていたクソニンジンという薬草から、アルテミシニンという、マラリア原虫に対する特効薬を発見しました。このように、自然界には何らかの深刻な病気に対する特効薬となる化学物質が眠っています。

アルテミシニンの発見が導かれたように、民族植物学や民族薬理学は新薬のヒントを極めて効率よく得られる対象として、無視できないものになっています。注目されるのは、世界中の様々なコミュニティにおいて存在する、病気の治療のための植物や他の生物の伝統的な利用法です。今、科学者たちはそれらの知識を収集し、その後、特定の植物や生物をスクリーニングして潜在的な薬用性質を調査しています。

生物の多様性に富んだ雨林や海洋は、新薬を探索する重要なフィールドになっています。未知の生物種が多数含まれる場は、当然、未知の化合物も多数含まれると考えるべきです。第4章の最後に紹介したメタバーコーディングなどの技術により生物多様性を調べる研究は、創薬にも寄与するものとなるでしょう。生物の多様性を守ることの重要性も感じ取れると思います。

腸内細菌も有力な探索フィールドです。腸内細菌は、私たちの食事を分解し、その過程で様々な代謝産物を生産します。これらの化合物の中で期待されるのは、糖尿病や肥満といった代謝疾患の進行を抑制する可能性を持つものです。例えば、一部の腸内細菌は短鎖脂肪酸を生産し、これが血糖調節や脂肪蓄積の抑制に役立つことが報告されています。

神経伝達物質や神経系に作用する化合物を生産する腸内細菌もいます。腸内細菌の構成は世界各地の人々によって異なることを考えると、世界中に存在する様々な民族やコミュニティが今後も維持されていくことは非常に重要だと言えるでしょう。

このように、メタバーコーディングやオミクス技術などの対象となる裾野は広がっています。そして、細胞培養技術の発展に伴い、病態が試験管内で再現されたモデル系が構築されることにより、自然界からさらなる特効薬が将来次々と見つかることになるでしょう。

6－4 「RNA創薬」は万能性を持つ

世の中に万能薬はありません。適度な運動、良質な睡眠、健康的な食事、水分補給などが万能薬として比喩的に表現されるかもしれませんが、これらは予防的な意味合いが強く、病気になった際に、その病因を効果的に除去できるものではありません。

人類が手に入れたテクノロジーの中で万能薬に最も近い化学物質は、おそらくＲＮＡ（リボ核酸）です。ＲＮＡを用いてつくられる薬は大きく分けて二つあります。

一つめはＲＮＡの情報が翻訳されてできるタンパク質が病因に作用するものです。これを「情報型ＲＮＡ薬」と呼びましょう。もう一つはＲＮＡ自身が標的を攻撃するものです。これを「直接型ＲＮＡ薬」と呼びましょう（図6－4）。

図6-4　RNAが薬として働く場合のパターン

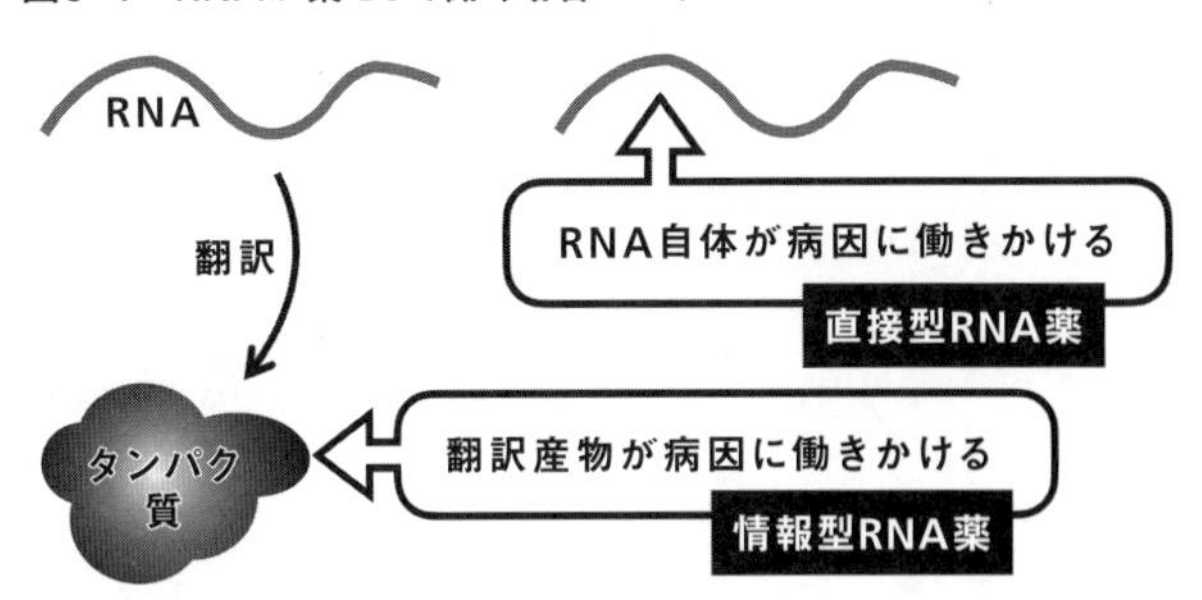

RNAが持つ情報を元に翻訳されたタンパク質が外敵に働きかける場合を情報型RNAと、本著では呼ぶ。コロナウイルスのワクチンはこれに相当する。RNA自体がRNA干渉やクリスパーキャス技術の一部として外敵に働きかける場合を、直接型RNAと呼ぶ。

情報型RNA薬として世の中で最も活躍した例は、COVID-19（コロナウイルス感染症）に対して開発されたmRNAワクチンです（ワクチンも広義には薬の一部です）。世界の広範囲にわたって使用された、人類史上初となるRNA創薬によって産み出された薬となりました。

先述した通り、これらのワクチンはメッセンジャーRNA（mRNA）を使用しており、人体にウイルスの特定の部分（COVID-19の場合はウイルスの表面にあるスパイクタンパク質）を作成させるものです。実際にコロナウイルスに感染した時には、このワクチンによって免疫記憶が成立しているので、効果的にコロナウイルスを攻撃できるようになります。

情報型ＲＮＡ薬としてＲＮＡに搭載させる情報は、ワクチンである必要はありません。理論的にはあらゆるタンパク質の情報を搭載させることができます。何らかのタンパク質の不足が病気の原因である場合、そのタンパク質の情報が搭載された情報型ＲＮＡ薬をつくればよいわけです。

ただし、ほとんどの病気の場合、特定の臓器、組織、細胞においてのみそれが必要となります。そのため、目的の場所にだけ、薬を確実に届ける技術の確立が急がれます。この開発については次項で説明します。

もう一方の直接型ＲＮＡ薬の代表例は、小型干渉ＲＮＡ（ｓｉＲＮＡ）や短ヘアピン状ＲＮＡ（ｓｈＲＮＡ）と呼ばれるもので、これらは特定の遺伝子の発現を抑制するために使用されます。２００６年にこの仕組みを発見した科学者らにノーベル生理学・医学賞が授与されています。これらを用いた治療をＲＮＡ干渉（ＲＮＡｉ）療法と呼びます。

ＲＮＡｉ療法は、特定の遺伝子の活動を抑制し、それが生成するタンパク質の量を減らすために用いられます。例えば、アルナイラム社のオンパットロは遺伝性の神経変性疾患を治療するために開発された薬であり、世界で初めてＦＤＡ（アメリカ食品医薬品局）の承認を受けたＲＮＡｉ療法の製品となりました。

別の例はアンチセンスＲＮＡです。標的としたいｍＲＮＡの特定の配列に相補的に結合するＲＮＡを用いて、タンパク質の生成を阻害する技術です。ＲＮＡｉよりも以前から細胞生物学の領域では用いられていましたが、様々な改良が加えられ、やはり医学面での応用が期待されています。例えば、バイオジェン社が開発したスピンラザは、脊髄性筋萎縮症という重篤な神経変性疾患を治療するためのアンチセンスＲＮＡを用いた薬です。サレプタ・セラピューティクス社が開発したＡＭＯＮＤＹＳ45は、デュシェンヌ型筋ジストロフィーという遺伝性筋肉疾患に対するアンチセンスＲＮＡを用いた薬です。

直接型ＲＮＡにはクリスパーキャス技術で用いられるガイドＲＮＡも含まれています（第3章の図3－3参照）。病気の原因がウイルスや細菌などの核酸を有するものの場合に限定されますが（もちろん、多くの病気がそれに該当します）、ガイドＲＮＡとして用いられる直接型ＲＮＡは該当するあらゆる外敵に対して有効であると理論的には言えるでしょう。

もちろん、情報型ＲＮＡ薬によって特定のタンパク質を体内で人為的に増やしたり、直接型ＲＮＡ薬によって特定のＲＮＡの働きを阻害したりすることで、すべての病気が治るわけではありません。

しかし、病気の種類ごとに個別に合成・抽出・精製などを行っていた20世紀に主流であった薬と比較して、病気の種類に関係なく同じ手法で薬がつくられることはＲＮＡ創薬の最大の利点であり、冒頭で万能性に言及した根拠にもあたります。

また、塩基配列を変えるだけで改良ができるので、個人個人に適した薬をオーダーメイドできるようになるかもしれません。ＲＮＡ創薬の分野はまだ比較的若い段階にあると言えますが、医療の未来において大きな可能性を秘めており、間違いなく多くの病気の予防方法や治療方法の革新を導くことになるでしょう。

6-5　体内の目的の場所に的確に薬を届ける技術

「富山の薬売り」は、富山藩で開発された薬を全国に届けたことで知られています。将軍様が病気になったとして、富山藩の薬がいかに効果的でも、それが「富山の薬売り」によって江戸城に届けられなければ意味がありません。病気も同様で、効果的な化学物質が原因部位に届かないと、治療の意味がなくなります。本項では、人体で働く「富山の薬売り」のような未来の薬デリバリー技術に焦点を当てて紹介します。

といっても、届ける化学物質は薬でも毒でも構いません。例えば、がん細胞のみに毒を届けられれば、そのがん細胞は毒で死滅します。がん細胞にとっては毒であっても、人体にとっては薬となるわけですから。

つまり、大事なのは、体内の目的の場所にだけ準備した化学物質が届けられる技術ということになります。もし、完璧にこれができるようになれば、医療現場にとって革命となるでしょう。今、これを実現するバイオ技術も急速に発展しています。

特に注目されているのが「エクソソーム」です。これは直径約100ナノメートル（1ミリメートルの1万分の1）の袋状の構造体です。真核生物のほとんどの細胞はエクソソームをつくることができます。袋を構成する膜は細胞膜とほぼ同じような膜と思っていただいてよいでしょう。

エクソソームは、遺伝子工学を用いて、薬物、小分子、タンパク質、RNAなどの多様な治療候補分子を人為的に袋の中に内包させることができます。内包物が充填されたエクソソームは、次に患者に投与されます。通常は注射によりますが、特殊な処理を加えるこ

図6-5　エクソソームを用いた化学物質のお届け

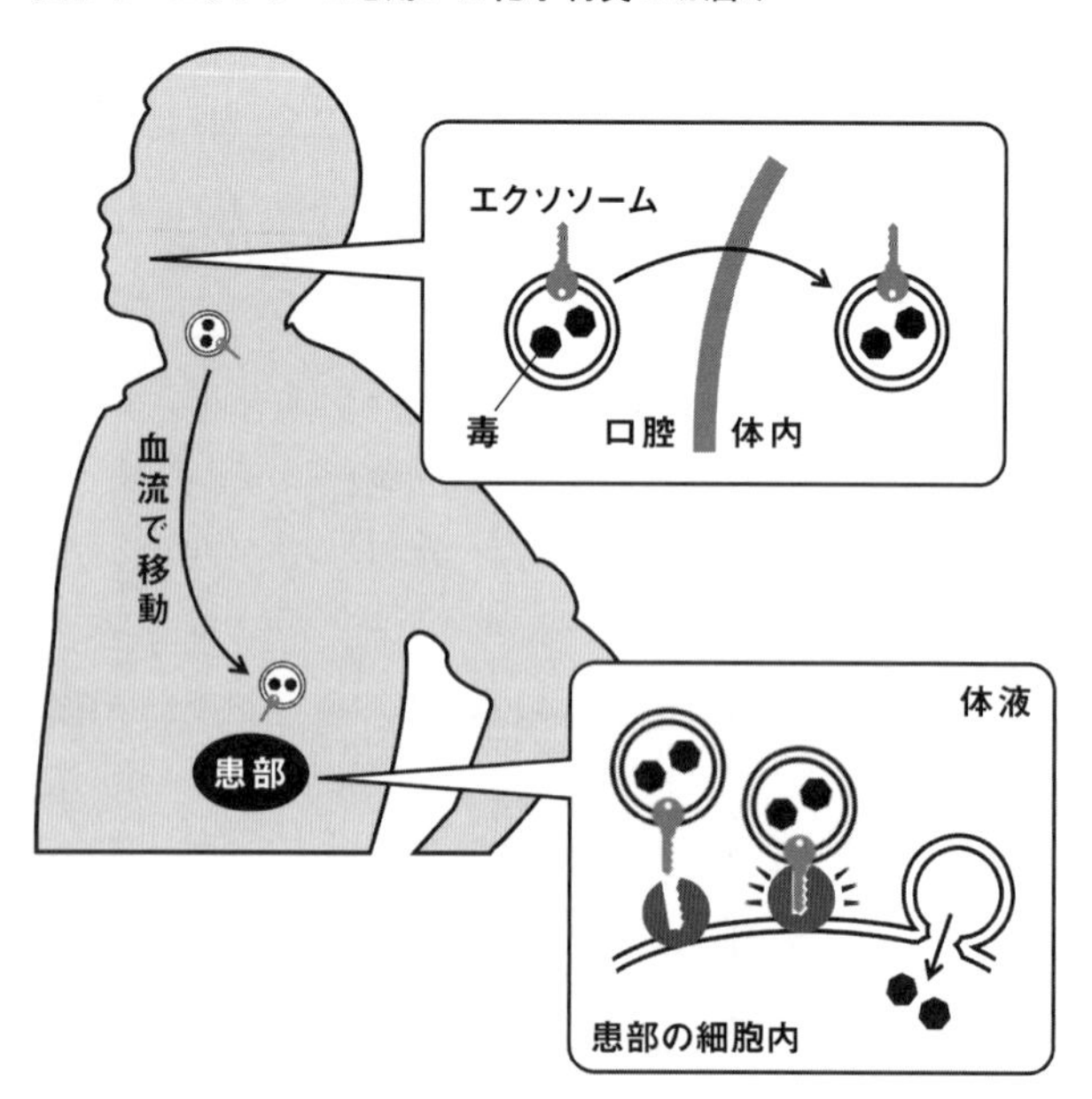

エクソソームが、患部の細胞にのみ結合する錠前のような分子を準備する。エクソソームの中に毒を含ませて、口腔から取り込めば(注射してもよい)、そのエクソソームは血流を通して移動し、患部の細胞に結合する。エクソソームは患部の細胞膜と合体し、毒は患部の細胞の中に取り込まれる。その結果、患部の細胞は死滅する。患部の細胞にとっては毒だが、人にとっては薬と言える。

とによって口から摂取することが有効になるという報告もあります（前の章での「フレディとジル」の話における経口摂取の有効性のヒントにもなっています）。

血流に入ると、エクソソームは目標とする器官、組織、細胞に向かいます。そしてエクソソームの表面にある分子や抗体が、ターゲット細胞の特定の受容体に結合することにより、エクソソームは意図した目的地の表面に付着して、細胞内に取り込まれます（図6－5）。この目的地にのみ到達する機構（ターゲティング機構）により、薬物の効果は疾患の部位に集中し、健康な組織への分布（つまり副作用）は最小限にとどまるのです。エクソソームのようなナノメートル（1㎜の100万分の1）のスケールで物質を運ぶようなものをナノキャリアと呼びます。ナノキャリアには人工的に合成された物質を使う場合もあり、それらにも非常に注目が集まっています。例えば、ポリマーナノ粒子はエクソソームのさらに10分の1くらいのサイズのナノキャリアであり、すでに医療応用もされています。

細菌が持つ「細胞外収縮注入システム（eCIS、extracellular contractile injection system）」もエクソソームと同様に有望なツールです。ｅＣＩＳは２０２０年以降に発見されたもので、言わば、細菌が外敵を倒すために細胞外に放つ注射器のようなものです。このナノ注射器の中にはエクソソーム同様に任意の化学物質を内包させることができます。また、着地する場所を決める上で、エクソソーム同様もしくはそれ以上の正確性を持つ標的認識機構（ターゲティング機構）を実装できると考えられています。

今後、人体で用いられるこれらの薬デリバリー技術はさらに精度と効率を上げていくことでしょう。21世紀半ばには、エクソソームやeCISの研究の発展によって、がんはそれほど怖い病気ではなくなるかもしれません。

6-6　効果的な抗体を効率よく見つけるためのAI活用

特定の病原菌などに対して特異的（標的が一つに絞られるという意味）に結合することができる抗体があれば、その病原菌などが原因となる病気の治療に有効です。また、細胞生物学の研究においても、特定の分子に対して特異的に結合する抗体があれば研究の幅が大幅に広がります。それも間接的に創薬の発展に寄与することになるでしょう。

それゆえ、何らかの病原菌や物質があったとして（これを抗原Xと呼びます）、その抗原Xに対して特異的に結合する抗体を迅速につくれたとしたら、創薬分野を大きく前進させることになるはずです。

従来、抗体は次のようにつくられていました。まず、選択した抗原を実験動物（通常はウサギやマウス）に注射し、抗体の生成を促します。そして、抗体反応がピークに達した時、脾臓などから抗体を生産するB細胞を採取します。

次に、これらのB細胞をがん細胞と融合させてハイブリドーマと呼ばれる細胞をつくります。ハイブリドーマはがん細胞の不死性とB細胞の抗体生成能力を併せ持つため、理論的には無限に増殖させることが可能です。そこから目的の抗体だけを得ることができるようになります。

ただし、これらは全体を通して少なくとも約4～6か月以上必要です。場合によっては、数年かかることもあります。今、この抗体作成に必要な時間を大幅に短縮し、かつ高性能なものを得るための手法が登場しつつあります。

新手法のポイントはＡＩとナノボディ（3-6を参照）の利用です。これまでにわかっているナノボディと抗原の間の相互作用の大規模なデータセットを用いてＡＩを訓練させ、そこから一定のアルゴリズムを導きます。そのアルゴリズムを用いることで、新たな抗原に対しても結合する可能性のある新たなナノボディの構造を予測することができるようになるのです。

ＡＩはまた、既存のナノボディを最適化するための変異を提案し、結合親和性やその他の性質を強化することも可能にします。学習の集積とＡＩの進歩とともに、特定の抗原に対するナノボディの探索とスクリーニングはより迅速で効率的になり、その結果、新しい治療法の開発や病原体に対する人類の防御策は強化されていくことになるでしょう。これらの技術は、近未来に訪れうるパンデミックに対応する際などには、特に実力を発揮すると思われます。

6-7 「AI創薬」の全貌

前項でＡＩを用いた創薬を紹介しました。ＡＩは、コスト削減と効率向上に極めて有効なツールであり、従来の方法では不可能であったことを可能にしてくれます。それゆえ、新たな薬物の発見や適用にどんどん使用されていくことでしょう。それらを総じてＡＩ創薬と呼びます。ここでは、ＡＩが創薬に関わる様子を段階的に説明します。

まず、敵を見定めるところからＡＩの活躍が始まります。これは創薬の最も初期段階のステップであり、新薬が疾患を治療するために作用するべき標的分子や構造体を研究者が特定する段階です。ＡＩの機械学習アルゴリズムは、大規模なデータセット（ゲノムデータや電子カルテ記録）などから候補となるターゲットを決定します。

ターゲットが特定されると、次のステップは、そのターゲットと相互作用する化合物（リード化合物と言います）を見つけることです。この段階では、ＡＩが数百万もの化合物の情報が蓄積されたデータベースを検索し、どの化合物がターゲットと相互作用する可能性があるかを予測することになるでしょう。

例えば、英国のディープマインド社が提供するデータベースであるAlphaFoldシステムを用いると、タンパク質の3次元構造を予測することができ、潜在的なリード化合物を特定することができます。このデータベースは日々登録情報量が増えています。通常、次は動物試験に移行しますが、ＡＩを用いれば動物試験に進む前に、薬物動態や薬力学（やくりきがく）、薬物の潜在的な副作用、毒性を予測することも可能です。

2022年末、米国では主に動物愛護の観点からＦＤＡ近代化法2・0[*1]が成立し、新薬開発における動物試験の実施が義務化されなくなりました。ますます、ＡＩに頼る比率は大きくなることでしょう。

実際に薬物を人体に作用させる臨床試験をデザインする際も、ＡＩが欠かせません。ＡＩは過去の臨床試験や基礎医学実験の結果から得られる大量のデータを分析し、より効果的な臨床試験を設計することでしょう。同時に薬物を試験する上で相応しい患者集団を特定し、電子健康記録や他のデータベースから試験に適した参加者を選択すると思われます。これによって、効率のよい被験者の募集も実現することでしょう。

薬物が市場に出たらそれで終わり、ではありません。ＡＩは電子カルテ記録、ソーシャルメディア、その他の様々な情報源からのデータを吸い出し、分析することで、実際の世界での薬物の安全性を監視していくことができます。

これらがＡＩ創薬の全体像です。一見、ＡＩにすべてを支配されそうな気持ちにもなりますね。ただ、忘れてはいけないのは、ＡＩは研究者を支援し、様々なステップを加速させるツールではありますが、伝統的な実験手法の必要性を失わせるものではないことです。依然として、実験室や臨床試験での検証は必要不可欠な作業のため維持されていくことでしょう。

注

＊1　ＦＤＡ近代化法２・０：食品医薬品局（ＦＤＡ、Food and Drug Administration）近代化法(Food and Drug Administration Safety and Innovation Act、FDASIA）は、２０１２年に米国議会で可決され、同年7月9日にオバマ大統領が署名した法律。さらに、２０２２年9月29日にその改訂版となるＦＤＡ近代化法２・０（ＦＤＡＳＩＡ ２・０）が米国議会で可決され、同年12月27日にジョー・バイデン大統領が署名した。ＦＤＡＳＩＡ ２・０には、動物実験の代替方法の開発と使用を促進することのほか、小児向け医薬品の開発と承認を促進することや遺伝子組換え食品の開発と承認を促進することが含まれている。

6-8　次世代ゲノム医療社会

お医者さんから「そういう体質ですね」と言われたことはありませんか。この言葉は、「これ以上、病因を追及する価値があるとは思えません。ほとんどの人には当てはまらないけれども、あなたには当てはまるものとしてお受け止めください」といったような意味で使われます。開業医をしている私の真面目な友人は、患者さんに「体質です」と言わざるをえない時に、無力感を覚えるそうです。

ゲノム医療は、この「体質」というところに大きく踏み込むことができます。お医者さんが「体質」と言わざるをえないのは、特定の病気や症状が発生するかしないか、特定の疾患に対してどの薬や治療法が適しているのか、について判断するには、個人差という壁が立ちはだかるからです。個人差を生じさせる最大の原因は、人がそれぞれ異なる遺伝情報を持つためであり、今の医療現場は、その詳しい調査に踏み切れる状態にはありません。

ゲノム医療とは、個人の遺伝情報を解析し、その情報を活用して病気の診断や治療を行う医療技術です。近年、遺伝子解析技術の進歩により、ゲノム医療の研究開発が急速に進んでいます。ゲノム医療が普及することにより、がんや難病などの早期発見や治療の精度向上が期待されています。遺伝子組換え技術による直接的な治療や、ＡＩによる高速な診断や解析が組み合わされることで、これからしばらくの間、この技術は天井知らずに発展していくことでしょう。

日本では、２０２３年６月９日に、「ゲノム医療推進法」[*2]が成立しました。この法案には、研究開発が円滑に進むこと、倫理面での問題が生じないようにすること、国民が相談できる体制をつくること、そして政府が今後の基本計画を主導していくことなどが盛り込まれています。要は、個人情報の取り扱いなどに関するリスクはあるものの、その安全性は必ず確保した上で、最大限にアクセルを踏んで、この分野を発展させていくことを国民に約束したということです。それほど、ゲノム医療は今、国をあげて力を入れる必要があるわけです。

個別化された医療のためにゲノム医療が有効であることは前述した通りですが、ほかにはどのような利点があるのでしょうか。

まず、個別の案件がゲノム情報とともに蓄積されることによって、疾患の発症メカニズムや治療する上での標的となるものについて、新たな発見が得られることが確実視されます。それを元に新しい治療法や薬が開発されることになるでしょう。

また、遺伝的なリスクを持つ家族に対して、疾患のリスクや発症の可能性について、早い段階で説明することができ、適宜、カウンセリングするなど、適切なサポートが実現することにもなります。さらに、ゲノム編集や遺伝子治療によって、若い段階で将来的なリスクをなくすことも可能になります。

国をあげて力を入れるのは、国民の健康を守り、QOL（生活の質）を向上させたいという思いがあるのはもちろんですが、効果的な治療法の選択、早期発見・予防は結果として医療費の大きな削減につながるという理由もあります。

それでは、ゲノム医療が一般的になった世の中はどのようなものになるのか、予想してみましょう。

まず、赤ちゃんは生まれて間もなく細胞を採取され、全ゲノム配列が読まれるようになります。仮にこの赤ちゃんの名前をアリアと呼びましょう。両親には、アリアが将来どんな病気にかかりやすいのか、どんな食事や運動が最適なのか、そしてどんな薬の副作用に注意すべきなのか、といった情報が伝えられます。同時に、全ゲノム情報がアリアの保険証も兼ねた個人カードに書き込まれます。

アリアはどんどん成長していきます。たまに病気になって、病院に行くこともあります。お医者さんはアリアに適した薬を選択するために、個人カードを用います。お医者さんの診察結果とアリアのゲノム情報は、量子コンピューターによる超高性能ＡＩが読み取ります。そして、最も適切と考えられる薬が瞬時に選択されます。

学校では、定期的に健康診断が行われますが、その際にも個人カードの読み取りが欠かせません。そのデータは、情報管理が整った安全なクラウド上に蓄積されていきます。もちろん、病院で読み取られたデータもそこに共存しています。

成人したアリアは、遺伝情報に基づいた健康管理アプリを使用するようになります。日々の食事や運動、さらにはストレスの管理方法までアプリがアドバイスしてくれるようになります。体調が悪くなったら、まずアプリに尋ねます。

アプリの判断は公式なものとして扱われ、それに従った薬も家に届きます。また、アリアの恋人との間に子どもを望む際にも、極めて危険な遺伝的リスクがある場合には知らせてくれます。出産前の診断についても何を重点的にチェックする必要があるのかを伝えてくれるでしょう。追加のサービスとして、数学や音楽の才能がある子ができる可能性などを知ることもできます。そして、アリアの子もアリアと同じく、徹底した健康管理システムに守られた中、生きていくことになります。

以上がアリアを題材とした、予想される次世代ゲノム医療社会です。このような極端な世の中になることはないと思う方もおられるかもしれません。しかし、ゲノムを読む、ゲノムを活用する、という点だけで捉えれば、技術的な面での障壁(しょうへき)はほとんどありません。プライバシーの保護が徹底され、倫理的な問題が生じないシステムをどのように構築するか、というところが最大の焦点となることでしょう。皆さんが想像されるよりもずっと早く、このような世の中になる可能性もあると思います。

注

＊2 ゲノム医療推進法：２０２３年6月9日に成立した日本の法律。ゲノム医療の研究開発や提供を推進し、国民が安心して受けられるようにするための施策を総合的かつ計画的に推進することを目的としている。法案の中には、①国が基本計画を策定し、ゲノム医療の研究開発や提供の推進を図ること、②ゲノム医療の拠点となる医療機関の整備や、ゲノム医療を提供するための人材育成を推進すること、③ゲノム医療に関する生命倫理や情報保護に関する指針を策定すること、④ゲノム医療による不当な差別を防止するための相談支援体制を整備すること、などが明記されている。アメリカでは２０２１年に成立した「ゲノム医療に関する法案（Gene Editing for Therapeutic Purposes Act of 2021）」がこれに相当する。

第7章　未来を描いたSF世界を考える

7-1　ロボットやAIは人を愛せるか

ＳＦ（サイエンス・フィクション）は物語の中の一つのジャンルにすぎないかもしれませんが、その中に描かれるアイデアやビジョンは、科学や技術の発展に大きな影響を与えてきました。実際の科学の進歩とＳＦの間には、相互に影響を与え合う表裏一体とも言える関係があり、このダイナミクスは今後も続いていくでしょう。

本書の最後の章では、ＳＦにおける生物学的な要素に焦点を当て、現代を生きる生物学者として、私の考えを皆さんと共有したいと思います。そこから、生活や社会にどのように生物学が関わってくるのか、現実性やスケール感などを感じていただけるのではないでしょうか。

まずは、人が他の人を愛するという行為について生物学的に考えてみましょう。愛するという行為は複雑で多面的な現象であり、様々な感情、行動、および神経プロセスを含んでいます。温かさ、思いやり、共感、および相手を幸福にしようとする意欲とともに、誰かに対する深い愛情と愛着なども含めて、愛は生物学的側面だけから見ても、極めて高次の神経プロセスの組み合わせによるたまものです。

愛には様々な神経伝達物質、ホルモン、および脳領域が関連しています。時折、その一部を切り出して、愛についての化学的な説明づけが行われることもあります。例えば、「愛のホルモン」と形容されることもあるオキシトシンは、信頼と社会的絆の感情と関連しているといった具合に。報酬や快楽に関与する神経伝達物質であるドーパミンも、ロマンチックな愛の体験に関与していると考えられています。

さらに、脳画像研究では、前頭前野、扁桃体、および中脳の腹側被蓋野などの領域が、愛や愛着を経験した際に活発化していることなどが示されています。このように、愛の生物学的なメカニズムについての理解は進みつつありますが、これらは全体像を捉えたものとは言えません。

日本には22世紀からやって来た青いネコ型ロボットの活躍を描いた有名なマンガがあります。皆さんはそのロボットは人を愛することができると思われることでしょう。私もそんな気がします。近未来の科学技術の進展によって、ロボットやＡＩがますます洗練された行動や反応を示すことは明らかでしょう。

ただ、ロボットやＡＩが真の愛を体現することは、少なくとも21世紀の段階では無理だと私は思います。

現在の私たちが理解している愛は、感情、意識、共感などの主観的な経験と深く結びついた、人間の本質に根ざした極めて複雑な相互作用から生まれているからです。

ロボットやＡＩは愛があるように見せかけたり、愛情を示す行動を模倣したりすることはできると思いますが、これらの行動は、人同士が共有する深い感情的な結びつきや主観的な経験とは根本的に異なります。

さらに、愛は生物学だけで到底説明できるものではありません。文化的、社会的、および心理的な要素も、愛の経験と表現を形づくる上で重要な役割を果たしています。人々の価値観、信念、育ち方、個人の経験も、愛の理解と実践に寄与しています。愛は私たちを機械から峻別する深く人間的な要素として、この先１００年間は人類に君臨し続けることでしょう。

以上を、21世紀前半を生きる生物学者としての私の考えとして書きとめておきたいと思います。神経科学やＡＩ技術の発展は現在の予想を圧倒的に凌駕してくるかもしれません。はたして、どのような未来が待っているのでしょうか。

7－2　恐竜は再び地球上を闊歩するか

恐竜をいつか復活させられるかどうかという話題について、昨今のほぼすべての生物学者は少なくとも一度は話題にあげた経験があることでしょう。人々はロマンあふれる恐竜が大好きだからです。

しかし、本書でこの話題を進める前に、まず恐竜を定義づけておく必要があります。恐竜とは中生代（約2億3000万年前から約6500万年前）に生息していた特定の爬虫類を指します。それゆえ、仮に未来の地球上で、自然界から再び巨大な爬虫類が進化してきたとしても、それは恐竜とは定義しません。

恐竜が再び地球上に誕生することがあるとすれば、タイムマシンを用いて過去の世界から恐竜を連れてくるのが一つの手です。アインシュタインの一般相対性理論では、特定の条件下では時間の流れが遅くなることを示唆していますが、時間が後方に進むとはしていません。量子力学もまた時間の一方向性を支持しているものです。

これらに従えば、過去から恐竜を連れてくる線は消えます。やはり唯一の方法は、ＳＦ映画『ジュラシック・パーク』の通り、人類の手で生物学的手法を駆使して恐竜を復活させることになるでしょう。

　ただし、少なくとも現時点での生物学的な理解と技術では、『ジュラシック・パーク』のように恐竜を復活させることはできないと考えるのが妥当です。『ジュラシック・パーク』では、琥珀（こはく）の中に閉じ込められた中生代の蚊の、彼らが吸った恐竜の血に含まれるＤＮＡを抽出します。非常によくできた話ですが、経験則的には、適切な保存条件下でも約１万年後にはＤＮＡは読み取り不可能なほど劣化してしまいます。恐竜は約６５００万年前に絶滅したので、そのＤＮＡの劣化度が壊滅的なものであることは想像に難くありません。

　さらに、仮に恐竜のＤＮＡを何とか集めることができたとしても、そのＤＮＡから恐竜を育てる方法が必要です。クローン生物を作成する上での一つの手法である核移植を行うには、現存する種からの卵の供給が必要です。残念ながら現在の生物ではその役割を果たすと期待されるものは限定的です。大型ワニやコモドオオトカゲの卵などが候補になるでしょうか。恐竜から進化した鳥類の卵として、ダチョウなどの大型鳥類の卵も含まれるかもしれません。しかし、細胞質の構成（特に遺伝子のオン・オフを司る分子の種類など）や乾燥耐性などを含め、恐竜ゲノムの受け入れ先として、適しているかどうかはわかりません。

もし何とか恐竜を誕生させることができたとしても、恐竜が生き延びるための環境は6500万年前とは大きく変わっています。当時の地球の気候、酸素レベル、植生などは現在とは大きく異なり、恐竜が現代の環境で生き延びられるかは懐疑的にならざるをえません。

したがって、現在のところ、科学的な見地から恐竜を再び地球に誕生させることは不可能でしょう。また、進化生物学の基本的な原則として、種は特定の環境と共進化してきたため、その環境が大きく変わった現在では、恐竜に限らず太古の昔に絶滅した種を復活させても、それが生存することは困難であると考えられます。

いずれにしても恐竜の復活は、まず、約1万年前に絶滅したとされるマンモスを復活させてからではないでしょうか。マンモスの場合、奇跡的にかなり保存されたDNAが見つかる可能性があり、それがクリスパーキャス技術などの遺伝子操作によって完璧なものに仕上がることも考えられます。核移植の対象として相応しい卵はゾウから提供されるかもしれません。今、マンモスの復活に本気で取り組んでいる研究グループも存在します。今後に注目です。

7-3 クローン人間は作成されるか

現段階において、クローン人間の人為的な作成に成功したと伝える信頼できる筋の情報は存在しません。その理由は技術的に困難であるからではありません。技術的にはすでに可能だと断言できます。

SF映画の『スター・ウォーズ』シリーズの中では、クローン・トルーパーと呼ばれる兵士が重要な役割を果たしています（エピソード2で初めて登場します）。彼らは、銀河共和国（のちの銀河帝国）のために惑星カミーノで遺伝子操作により生産された兵士です。

腕利きとして広くその名を轟（とどろ）かせた賞金稼ぎであるジャンゴ・フェットの遺伝情報を元につくられたクローン人間という設定ですが、遺伝子操作により忠実な兵士として設計されています。少なくとも、クローン・トルーパーについて描かれたようなことは、すでに技術的に可能なレベルに科学は達していると言えるでしょう。

アーノルド・シュワルツネッガーが主演を務めたSF映画『トータル・リコール』では、記憶までコピーされたクローン人間が登場します。他にも、記憶までコピーされた状態のクローン人間を描いたSF作品は数多くあります。

しかし、個体が経験してきた記憶や知識を生物学的に定義されたクローンが受け継ぐということはありません。記憶は脳の特定のパターンと結びついた複雑な神経活動に基づいて生成されるからです。それらのパターンは個々の経験に基づいて学習と経験を経て構築されます。それを正確に複製・再現する技術は、クローン人間の作成とは全く別次元の話です。クローン作成より、はるかに難易度が高いことであり、SFならではの話ということになるでしょう。

話を戻すと、クローン人間が作成されない理由は、倫理的に人間の尊厳に関わる極めて大きな問題があることに尽きます。それを世界中の国々が共有し、法律で禁止しているためです。日本の場合、2001年に施行された「ヒトに関するクローン技術等の規制に関する法律」により厳しく規制されています。

もし特定の国がクローン人間を作成することについて具体的に法的規制を設けていない場合でも（先進国ではまずありえませんが）、一般的には、科学研究の倫理的ガイドラインや研究費の配分などを通じて制約がかけられ、結果的に禁止されていることと同じような状況になっていると思われます。

それでは、未来永劫クローン人間はつくられないのでしょうか。

私はそう遠くない未来に、クローン人間が問題なくつくられるケースが発生すると予想しています。例えば、クローン人間を作成するメリットが、それに伴う安全性と倫理的な懸念を上回ると考えられる特定の状況が生じることがあるかもしれません。

具体的には、現状のあらゆる生殖技術が効果を示さない不妊のケースが多々あります。それだけでは理由として不十分ですが、ここにその国や地域特有の何らかの極めて特殊な事情が加わることがないと言い切れるでしょうか。どことは言いませんが「やりかねない」と思わせる国はあります。

また、DIYバイオがさらに発展し、世の中に浸透していった時、すべての人がルールを理解し、それを守れるでしょうか。すでに、クローン人間がとある国で誕生しているという眉唾ものの噂を耳にすることがあります。それが事実であったとしても何ら不思議ではない時代にすでに突入していると言えるでしょう。

7-4　地球外生命体はいるか

１９７７年公開の『未知との遭遇』、１９７９年公開の『エイリアン』、１９８２年公開の『E.T.』、１９９６年公開の『インデペンデンス・デイ』、２００９年公開の『アバター』など、宇宙人を題材にしたSF映画は枚挙にいとまがありません。シリーズ作品である『スター・ウォーズ』や『スター・トレック』にも多様な宇宙人が登場します。

１９６１年にアメリカの天文学者フランク・ドレイク博士は「銀河系内に存在する可能性がある、文明を持つ地球外生命体の数」を見積もる方程式[*1]を発表しました。その試算の妥当性はともかく、この方程式が多くのSF作品に影響を与えたことは間違いありません。

このように、これまで人類は宇宙の彼方にも生命体がいることを夢想し、壮大なロマンを抱いてきました。ただし、宇宙の彼方の生命体について議論するのであれば、宇宙人がいるかどうかの前に、地球以外の星に生息する生命体（地球外生命体）がそもそもいるかどうかに焦点を当てる必要があります。

２０１０年12月にNASAが「特殊な生命体についての重要な会見を行う」と発表し、世界中が「ついに地球外生命体が発見されたのか！」と色めき立ったことがありました。

もちろん私も大興奮した一人です。

実際には、カリフォルニア州のモノ湖という極めて塩分濃度が高い湖において、リン酸の代わりにヒ素を用いる細菌が見つかったという内容でした。たしかに地球上で生命が存続するための従来の基準を塗り替えることになるので、NASAの事前の発表に偽りはありませんでした。しかしその後、その細菌がヒ素を用いていることも否定されたので、なんとも人騒がせな出来事であったと思いますが、地球外生命体について考えるよい機会になったとともに、人々がいかにそれに注目しているのかを世界中に印象づけることになりました。その後、世界中が同じレベルで色めき立ったことは2023年の時点でありません。

ただし、地球外生命体の可能性を示す証拠が、主に宇宙生物学の研究により増えてきているのは事実です。宇宙生物学とは、宇宙における生命の起源、進化、未来を研究する学問領域です。地球上での生命が深海の熱水噴出孔や南極のような極限環境で繁栄できることに、特に着目しています。このことは、火星、土星の衛星であるエウロパ[*2]、土星の衛星であるエンケラドゥス[*3]のような、宇宙にある極限環境で生命が存在する可能性につながっているからです。

また、私たちの太陽系の外にある惑星で、生命が存在するのにちょうどよいと考えられる条件の「ハビタブルゾーン」[*4]に存在する惑星では、地球外生命体が存在する可能性がさらに広がります。宇宙空間に存在するケプラー宇宙望遠鏡による観測だけでも、2009年の打ち上げ以来、2000個以上のこのような惑星が特定されています。

2020年には、金星の大気中でリン化水素が検出されたという発表がありました。リン化水素は生物学的なプロセス以外での生成を想定し難い化合物です。つまり、金星において何らかの生命活動のようなものが進行している可能性を示唆しています。

これは米国のジェームズ・クラーク・マクスウェル望遠鏡と、チリのアルマ望遠鏡というミリ波/サブミリ波領域の電磁放射を検出することができる超高性能望遠鏡を用いての発見となります。データの解析上の誤りや観察の不確実性を疑う声も少なからずあり、今後、より詳細な観察ならびに金星における直接的な調査が求められます。

結論として、大衆メディアで描かれるような宇宙人はフィクションの中の存在に留まらざるをえませんが、一方で微生物や基本的な生命形態を有す地球外生命体が存在する可能性については、進行中の研究と探査によって強力な科学的根拠が構築されつつあるということです。

広大な宇宙で生命が見つかるとしたら、これほどロマンのある話はありません。Xデーはいつか訪れるのでしょうか。

注

＊1 「銀河系内に存在する可能性がある、文明を持つ地球外生命体の数」を見積もる方程式：シンプルに「ドレイク方程式（Drake Equation）」とも呼ばれることが多い。銀河系内で通信可能な地球外文明が存在する数を評価するための仮説的な方程式であり、N＝R×fp×ne×fl×fi×fc×Lという式で示される。Nは銀河系内で通信可能な文明の数。Rは銀河系での恒星形成の年間平均数。fpは恒星が惑星を持つ確率。neは各恒星系で生命が存在する可能性のある惑星の平均数。flは生命が発生する確率。fiは知的生命が進化する確率。fcはその知的生命が通信可能な技術を開発する確率。Lはその文明が通信可能な状態で存在する期間。この方程式は、多くの変数が非常に不確かであるため、厳密な計算式というよりは、議論や思考のためのフレームワークとしてよく用いられる。

＊2 エウロパ：木星のガリレオ衛星（イオ、エウロパ、ガニュメード、カリスト）の一つであり、

直径は約３１００キロメートル。表面が厚い氷の層で覆われている。地下には塩水の海が存在すると考えられる。

＊３　エンケラドゥス：土星の衛星の一つであり、直径は約５００キロメートル。エウロパと同じく表面が厚い氷の層で覆われており、地下には液体の水が存在することが確実視される。実際、南極域のタイガーストライプと呼ばれる領域では、水蒸気の継続した噴出が観察できる。

＊４　ハビタブルゾーン：恒星の周りで液体の水が存在し続ける可能性がある範囲。ゴルディロックスゾーンとも呼ばれる。ただし、エウロパやエンケラドゥスのように、このゾーンの外側であっても、地熱によって氷の層の内側が溶けて水になる場合もある。

7－5　思考だけで社会が成立する世界は訪れるか

日本では、「転生」や「異世界」という要素がストーリーに含まれるアニメや漫画の増加が近年顕著です。これに対して、現代社会では日常の現実や問題から逃れ、自分自身を異なる世界の冒険者やヒーローに見立てることで、ストレスの解消や自己の理想を追求する欲求を持つ人が増えているという見解があります。

ただし、目の前の世界を変えたいという衝動は、年齢や性別に関係なく存在するものでしょう。1999年に公開されたSF映画『マトリックス』では、主人公をはじめとする登場人物が現実世界と認識していたものが実は仮想現実の世界だったという設定で物語が展開します。その中で、人々は子宮を思わせるカプセルの中で眠り、脳に接続された装置によってつくり出された「現実」を生きています。何とも恐ろしい世界です。

約四半世紀が過ぎ、現在のバーチャルリアリティ（VR）ゴーグル（両目を覆うように装着する装置）が提供する没入体験は、その質と多様性においてますます洗練され、技術的な制約が徐々に取り払われつつあります。2023年にはアップル社もVRゴーグルの販売を始めました。

こうした進歩を目の当たりにするたびに、映画『マトリックス』の世界観が現実になる日が近いのかもしれないと思えてきます。幸い、現在のほとんどのVRゴーグルは体外に独立して存在しており、脳と直接つながる必要はありません。

しかし、人類は第3章で述べた通り、脳科学の発展に伴い、オプトジェネティクスなどの技術を用い、外部から任意の刺激で神経細胞を適切なタイミングで活性化できるようになりつつあります。脳科学は今後も進歩していくでしょう。その結果、映画『マトリックス』で描かれていたような、仮想現実の世界が訪れる可能性はあるのでしょうか。

私の見解としては、その可能性は低いと考えています。以下がその理由です。

第一に、人間の脳は宇宙で最も複雑なものの一つと言っても過言ではありません。その働きを代替するということは、つまり何十億もの神経細胞と何兆ものその結合をマッピングし、それらがどのように相互作用するかを理解し、適切な速度でシミュレートするということになります。これは驚異的な課題と言わざるをえません。

第二に、仮想現実の中で完全に生活するためには、触覚、嗅覚、味覚、聴覚、視覚といった感覚を包括的かつ連続的に仮想上で再現する必要があります。現実の刺激がないにもかかわらず、これらの感覚入力をすべてリアルに感じさせるように再現することは、技術的に難しいと思えるだけでなく、入力させる意図自体が考えづらく、非現実的と言えます。

第三に、仮にそうしたことが技術的に可能になったとしても、数多くの倫理的、社会的問題が生じます。私たちのリアルな肉体はどうなるのでしょうか。家族や友人との関係や交流はどう変わるのでしょうか。その仮想現実をどういう目的や動機で誰が制御するのでしょうか。これらに説得力のある答えが見つからない限り、脳内だけで成立する世界が選択される社会になることはないでしょう。

否定的な見解のみを述べましたが、脳の活動の一部だけに焦点を当てると、思考が現実に影響を与えるような技術が開発されつつあります。その代表例として脳機械インターフェース（ＢＭＩ、brain-machine interface）が挙げられます。

この技術は脳の神経活動を読み取り、それを電子信号に変換し、人間の思考を直接マシンの動きに反映します。現在、この技術は主にパラリンピック選手や身体障害者のための義手や義足の制御、あるいはロボット技術の領域で利用されています。

また、神経信号を直接テキストや音声に変換することを目指す研究も進行中で、これが実現すれば、全身の運動機能を失った人でも、思考だけでコミュニケーションをとることが可能になるでしょう。

さらに、ＢＭＩの発展により、人間の感覚を代替または強化することも可能になります。例えば、視覚野にＢＭＩを直接接続することにより視覚を失った人の視力を回復させたり、人間の知覚を増強して赤外線や紫外線までも感知したりすることが可能になるかもしれません。

これらの技術はまだ初期段階にあると言えますが、他の様々なテクノロジーの性能も同時に向上しています。特に、近年の通信技術とＡＩの技術革新はＢＭＩの助けとなり、より高機能なものへと進化させることでしょう。

このように、『マトリックス』の世界は非現実的であり、かつ目指すべきものではないと思いますが、少なくとも、思考するだけで一定のことが実現できる世界は近未来に確実に訪れることが予測されます。

7-6 不老不死は実現するか

不老不死の願いは、時代や文化、性別や年齢を問わず、多くの人々が抱くものです。この願いを叶えるヒントがバイオ技術には隠されているかもしれません。

最近日本で人気を博したアニメ『鬼滅の刃』では、鬼になることで不老不死になれるという設定になっていました。ただし、鬼になると、直射日光を避ける必要がある、一般的な食事を楽しめないなどの制約がつきます。とはいえ、満身創痍でまさに死の淵(ふち)にある時であれば、それらの条件を受け入れる人も一定数いることでしょう。

『ハリー・ポッター』シリーズでは、主要な悪役ヴォルデモートが永遠の命を求め、「ホーキュクス」という古代の闇の魔法を使う決意をします。それは、すなわちハリー・ポッターに関する大きな秘密にもなります。つまり、不老不死への追求とその困難さが、シリーズの重要なテーマとして描かれているわけです。

バイオを志す大学の新入生と話をすることも多々ありますが、その中には「いつかバイオの力で不老不死を実現したい」と希望する学生もよく見かけます。はたして、ヴォルデモートが興味の矛先をホーキュクスから変えてくれそうなものがバイオによって実現するでしょうか。

もし、永遠の命の定義が「自分自身のゲノム配列を持つ細胞が永久に生き残れること」であったとすれば、それはすでに実現しています。例えば、ＨｅＬａ細胞[*5]は、１９５１年に取り出されたヒトのがん細胞に由来しており、これまで何十年にもわたって世界中の研究室で繁殖し続けているからです。

しかし、不老不死への渇望は自分自身のゲノム配列を持つ細胞が永久に生き残るだけで満たされるものではありません。少なくとも自分自身が持つ精神世界が永遠に維持され、刺激を受け入れることができ（インプット）、それに対して適切な反応をすることができること（アウトプット）が含まれるでしょう。

つまり、脳を中心とした中枢神経系と、それに対するインプットとアウトプットが正常に機能している状況を永遠に維持する必要性があります。それを考えただけでも不老不死の実現は極めて困難であると言わざるをえません。

時間とともに、私たちの細胞は適切に機能したり分裂したりする能力を失います。このプロセスは「セネセンス」[*6]と呼ばれます。それは脳細胞にも当てはまります。時間の経過とともに、紫外線、放射線、化学物質、通常の代謝プロセスで発生する活性酸素などから私たちのＤＮＡは損傷を受けます。

修復メカニズムは存在しますが、すべての場合において治せるものではなく、時間の経過とともに損傷は蓄積されていきます。一度失われた神経細胞は再生することが難しく、特にヒトの大脳皮質などの領域では新しい神経細胞がほとんど生まれないため、損傷や老化による神経細胞の損失は永続的なものとなります。何らかの幹細胞を入れたからといって、失われた神経ネットワークの一部を元通りにすることはほぼ不可能です。

つまり、脳の機能の永遠の維持は極めて困難なものと言えるでしょう。脳は極めて複雑な神経細胞ネットワークの集合体であり、セネセンスを考慮すれば中枢神経系はいつしか衰退の一途をたどらざるをえません。それは体全体の制御、恒常性の調節にも支障をきたします。そういったところに問題が生じれば、脳も酸素や栄養素を十分に受け取れなくなります。その負のスパイラルは生物個体としての死につながるでしょう。

脳は不老不死の実現を難しくさせる最大の要因の一つと言えますが、それぞれの臓器・組織においても似たことが言えます。30兆を超える細胞から成り立つ、様々な臓器や組織が協調しながら成り立っている人体において、何か一つの問題が生じると連鎖的に他の箇所にも影響が及ぶことは避けられません。

以上は私たちの細胞における問題点ですが、ほかの問題点として免疫系の老化が挙げられます。特に免疫系の総司令官的な働きをするヘルパーT細胞の成熟には胸腺という臓器が欠かせません。しかし、胸腺は思春期頃をピークにして、徐々に脂肪組織に置き換えられて萎縮していきます。そのため、成人を過ぎてからは年々、免疫応答の質と量は劣化の道をたどります。これも、何らかの臓器・組織の疾患につながる要素となり、死を近づけるものになるでしょう。

そもそも、なぜ老化と死があるのでしょうか。

その大きな理由の一つは老化と死があることが生物種としての利点となることです。第1章で「始原生殖細胞という存在の特別さ」について述べました。私たちが、若さを保ちたい、死にたくない、と考えている精神世界は、物理的には「始原生殖細胞以外の領域」にあたります。特定の生物種が存続していくためには、始原生殖細胞を介した次世代への遺伝子の受け渡しが必要であり、受け渡しを完了した「始原生殖細胞以外の領域」は、始原生殖細胞の観点からはいつしか邪魔な存在になります。

進化の歴史の中では、特定の生物種において、寿命が延びる傾向のある変異が生じたこともきっとあることでしょう。しかし、始原生殖細胞にとって利点のない「始原生殖細胞以外の領域」の寿命延長は、その生物種の生存競争においてマイナスに働き、絶滅につながってきたと思われます。今のそれぞれの生物種の持つ平均的な寿命は、そうした進化の歴史の中で最もバランスのよい形として実現されてきたものと言えるでしょう。生物である限り、やはり死は受け入れるしかないものだと思います。

注

＊5　ＨｅＬａ細胞：ヒーラ細胞と発音する。Henrietta Lacksという女性患者の子宮頸部腫瘍から採取された生検標本をもとに樹立された培養細胞株。ヒトにおいて初めて株化に成功した例となる。この細胞株を用いて、子宮頸がんの原因ウイルスが解明され、２００８年のノーベル生理学・医学賞の対象となっている。翌２００９年の同賞はテロメアに関する研究が対象になり、その研究の中でもＨｅＬａ細胞が活用されている。輝かしい功績を持つ細胞であるが、本人に知らされることなく採取・樹立された背景があり、個人情報の保護やインフォームド・コンセントの観点から、大きな問題に発展したこともある。

＊6　セネセンス：細胞が一定の回数分裂すると、その細胞の分裂能力が失われ、増殖が停止する現象を指す。この状態の細胞は死んでいるわけではなく、一定の活動を続けている。セネセンスを経た細胞は、分泌物の変化や形態の変化など、様々な特徴を持つ。最終的には炎症反応の促進や組織の再生の妨げとなるなど、様々な負の影響を及ぼすようになる。

7-7 人類はいつまで繁栄できるか

人類の正式な生物種名はホモ・サピエンスです。その最古の化石はモロッコで発見されており、おおよそ30万年前のものと推定されています。

当時はホモ・サピエンスと交配可能なくらい近縁の生物種、ネアンデルタール人とデニソヴァ人も地球上に存在していました。しかし、彼らも数万年前にホモ・サピエンスとの生存競争に敗れ、絶滅しました。その結果、ホモ・サピエンスは分類学上のヒト属に属する地球上で唯一の生物種となったのです。

一般的に、陸生哺乳類の生物種が存在できる時間はおおよそ50万〜100万年程度と言われています。その考えに従えば、ホモ・サピエンスはまだ存続する余地のある生物種と判断することができるでしょう。

しかし、18世紀の産業革命の頃から状況は怪しくなってきました。技術的進歩は人間社会を劇的に変革し、電気や内燃機関の発明からコンピュータ、インターネットの実現に至りました。

ホモ・サピエンスは原子を分割し、月に着陸し、自身のゲノム配列を決定しました。それに伴って、地球環境も大きく変化しています。便利さを享受する一方で、副作用が表面化しつつあるのです。

ホモ・サピエンスの存在によって絶滅に追い込まれた生物種は数知れず、次に絶滅する生物種がホモ・サピエンスであったとしても不思議ではない、それどころか、自業自得とも言える状況です。

この最終章はSFを語る場でもありますので、最後は「人類の繁栄の可能性」について、独自のSFを披露して締めたいと思います。

なお、『猿の惑星』（1968年に公開されたSF映画）を含め、人類が絶滅に追い込まれる状態を描いた映画作品は多々ありますが、完全に絶滅したあとの話は皆無に等しい状況です。やはり人が登場しないと、鑑賞する側が共感できるストーリーが成立しないということだと思います。

この独自SFでは、そのタブーにもあえて挑みます。

10万年後の未来、宇宙のはるか彼方から高度な文明を持つ異星人の探査隊が地球にやってきます。彼らは地球の歴史を徹底的に調査し、数万年前にホモ・サピエンスという生物種が地球上で絶滅したことを突き止めます。ホモ・サピエンスは地球を支配する勢いで繁栄していたにもかかわらず滅びました。その理由について、その異星人の探査隊は以下の簡易レポートを作成し、大宇宙を管轄する協会に提出しました。

【表題】
『ホモ・サピエンスの絶滅：地球生物種の自己破壊的行動の結末』

【背景】
地球上では、ホモ・サピエンス（〝知恵ある者〟という意味）という生物種が繁栄を極めていたが、自身の環境への深刻な影響を理解し、それに適応する能力を持つにもかかわらず絶滅してしまった。その理由を調査し、その結果の主なるところをここに記録する。

【ホモ・サピエンスの繁栄と地球環境への影響】

ホモ・サピエンスは科学技術、工学、数学、芸術などの広範な分野で高度な知恵と多才な技を有していた。しかし、その技術的進歩と文化的発展は、地球の生態系と気候に大きな影響を与えた。特にホモ・サピエンスの産業活動による大量の温室効果ガスの排出は強烈な気候変動を引き起こした。同じく排出される化学物質は多くの生物にとって毒となった。その結果、生態系が大きく乱れ、多くの生物種が絶滅に追いやられ、地球上の生物多様性を維持する上で超破壊的なものになった。

【資源の枯渇と自己破壊的行動】

ホモ・サピエンスの資源消費は非持続的で、地球の有限な資源を過度に利用した。これにより、食糧、水、エネルギーなどの重要な資源が枯渇し、社会的な緊張と競争が高まった。それらが引き金となり、ホモ・サピエンスは自己破壊的な行動をとることが増えた。戦争、武器の使用、病気の拡大、そして自然環境の大規模な破壊は、ホモ・サピエンス自身の生存を脅かしていった。

【結論・考察】

ホモ・サピエンスは、その知識と技術の急速な発展が絶滅を招く結果となった、宇宙でも稀有(けう)な例である。彼らの運命は、全宇宙の他のすべての知的生命体に対する教訓となりえる。すなわち、科学的・技術的進歩が生物種の生存と発展に貢献する一方で、それが自然環境との調和あるいは持続可能性と相反する場合、それは自己破壊的な結果をもたらす可能性がある。

ただし、彼らが絶滅へと追い込まれる最後の瞬間まで、科学技術の発展によって生物種としての延命を図った努力の記録は特筆すべきものである。特にバイオテクノロジーを駆使した生存への執念は敬意を表するに値する。もし彼らがその熱量をより有効に活用し、それが社会全体に広く理解され受け入れられていたなら、絶滅を避けられた可能性もあるだろう。以上。

これは人類にとって、実に悲しいレポートと言えます。しかし、この物語はここで終わりではありません。

レポートが協会に提出された直後、一種の奇跡が訪れました。人類が自力で開発したバイオテクノロジーの中に、全宇宙で誰も発見していなかった画期的な技術が含まれていたことが評価されたのです。

例えば、超高性能な遺伝子組換え技術、完璧な幹細胞をつくり出す技術、原子レベルの動きまで拡大して3D表示できる技術などです。

全宇宙がホモ・サピエンスの可能性に目を見張りました。人類の知識と技術が適切に使われる時、それがどれほどの希望を宇宙全体に与えうるかを示す一例だったのです。

そこで、今度は新たな展開が生まれました。人類が発見した革新的なテクノロジーを利用し、ホモ・サピエンスをすっかり浄化された地球上で復活させようとするプロジェクトが始動したのです。そのプロジェクトは、かつてホモ・サピエンスが使用していた言語の単語を用いて「プロジェクト・フェニックス〜ホモ・サピエンスの復活」と名づけられました。

これは、絶滅した知的生命体を復活させるという宇宙初の試みであり、その過程で得られる知識と経験は、宇宙全体の持続可能な発展に大きく貢献するだろうと、喝采を浴びました。

そして、ある日突如、ホモ・サピエンスは復活の日を迎えました。太陽がゆっくりと地平線から昇る新たな朝の訪れのごとく。

おわりに

私が勤める慶應義塾大学の湘南藤沢キャンパス（通称ＳＦＣ）には「極端のススメ」という考え方があります。これは、福澤諭吉がその著『福翁自伝』において〝事をなすに極端を想像す〟と記したことに由来します。マサカに備えるには、極端を想像して覚悟を決めていれば、狼狽することはない、といった考え方です。最終項の人類滅亡と復活の妄想に代表されるように、本書には随所にそのような思いのこもった内容を含めました。お汲み取りいただけると幸いです。

利根川進博士が１９８７年にノーベル生理学・医学賞を受賞されたことは、日本において分子生物学が着目される大きな起点の一つになりました。当時、京都市の公立中学校に通っていた私もこのニュースに大きな刺激を受けました。高校卒業後は分子生物学科が日本で唯一存在した名古屋大学理学部に進学しました（今は別の名称になっているようですが）。そして、50歳になった今も分子生物学を中心とした生物学の世界にどっぷりと浸っています。

この学術領域ではこの30年余り、毎年のように世界中の天才たちによる新発見・新技術が産み出されてきました。それらは、特定の分野内での自己満足的なものではありません。ノーベル賞には三つの科学系カテゴリがありますが、次ページに示した表のように、ノーベル生理学・医学賞においてはほぼ毎年、ノーベル化学賞においては約半数が分子生物学に関係のある内容となります。ノーベル物理学賞においてすら、分子生物学に明らかに関連したものもあります。

ここまでノーベル賞を席巻している学術領域はほかに例がなく、この勢いはこれからもさらに加速していくことでしょう。この事実は、分子生物学がいかにこれまでの人類／これからの人類に大きな影響を与えた／与えるものかを物語っています。

本著『希望の分子生物学――私たちの「生命観」を書き換える』を記す中で私自身も、分子生物学が単なる学問としての位置づけを超え、人間の生命や健康、さらには私たちの

表　分子生物学に関連した内容が自然科学系ノーベル賞の受賞対象になった実績

年	生理学・医学賞	化学賞	物理学賞
1980	★	★	
1981	★		
1982	★	★	
1983	★		
1984	★		
1985	★		
1986	★J		★
1987	★		
1988	★	★	
1989	★	★	
1990	★		
1991	★		
1992	★		
1993	★	★	
1994	★		
1995	★		
1996	★		
1997	★	★	
1998	★		
1999	★		
2000	★		
2001	★		

年	生理学・医学賞	化学賞	物理学賞
2002	★	★J	
2003		★	
2004	★	★	
2005	★		
2006	★	★	
2007	★		
2008	★	★J	
2009	★	★	
2010	★		
2011	★		
2012	★J	★	
2013	★	★	
2014	★	★	
2015	★J	★	
2016	★J	★	
2017	★	★	
2018	★J	★	★
2019	★	★	
2020	★	★	
2021	★	★	
2022	★		
2023	★		

1980年以降、分子生物学に関連のある内容が受賞の対象になったと考えられるものを星マークで示す。生理学・医学賞では43/44（97.7%）、化学賞では22/43（51.2%）、物理学賞では2/43（4.7%）がそれに相当する。**J**は日本人による研究。 1986年は利根川進博士、2002年は田中耕一博士、2008年は下村脩博士、2012年は山中伸弥博士、2015年は大村智博士、2016年は大隅良典博士、2018年は本庶佑博士が受賞された。

社会や未来に対する深い洞察を提供してくれることを痛感しました。本書を手に取ってくださった読者の皆様には、それぞれの生活や職業、そして将来において、この分野の知識や洞察をどのように役立てることができるのかを考えていただけたらと思います。そして、極端な未来を想像しつつも、それに立ち向かい、よりよい未来を築くための手助けとして、分子生物学の力を活用してほしいと願っています。

最後に、この本を読み終えた皆様が、生命の奥深さや未来の可能性について新たな希望や興奮を感じ取っていただけたら、私としてはこれ以上の喜びはありません。ありがとうございました。

2023年10月

黒田　裕樹

校閲　鶴田万里子
本文組版・図版　米山雄基

黒田裕樹 くろだ・ひろき
1973年、京都生まれ。名古屋大学理学部分子生物学科卒業。
東京大学大学院総合文化研究科修了(博士)。
UCLAにてポスドク、静岡大学教育学部理科教育講座にて
准教授を務めたのち、慶應義塾大学環境情報学部准教授を経て、
現在同大学教授。主な研究テーマは発生生物学。
アフリカツメガエルなどを用いて脊椎動物の初期発生過程の
形づくりにかかわる分子機構を解析している。
その影響で、近辺の別分野の教員からはカエル屋とも呼ばれる。
著書に『休み時間の分子生物学』(講談社)。

NHK出版新書 709

希望の分子生物学
私たちの「生命観」を書き換える

2023年11月10日 第1刷発行

著者 黒田裕樹 ©2023 Kuroda Hiroki
発行者 松本浩司
発行所 NHK出版
〒150-0042 東京都渋谷区宇田川町10-3
電話 (0570) 009-321(問い合わせ) (0570) 000-321(注文)
https://www.nhk-book.co.jp (ホームページ)

ブックデザイン albireo
印刷 壮光舎印刷・近代美術
製本 二葉製本

Printed in Japan ISBN978-4-14-088709-7 C0245